川と湖を見る・知る・探る

川と湖を見る・知る・探る

陸水学入門

日本陸水学会[編]
村上哲生・花里孝幸・吉岡崇仁・森和紀・小倉紀雄[監修]

地人書館

はじめに

　21 世紀は水の世紀とも言われ、世界的に安定・安心な水資源の確保が大きな課題となっている。一方、地球温暖化など人間活動の影響により地球上の水循環のバランスは崩れ、各地で異常な増水や渇水が起こっている。

　湖沼、河川、地下水など陸水で生じる様々な現象のしくみを地球物理学、地球化学、生物学、地理学、地質学、環境科学などの側面から総合的に明らかにすることが陸水学の目的である。

　この陸水学を身近なものとして普及させるためには、わかりやすい普及書を出版することが重要である。

　陸水学の普及書として、1980 年に『陸水学への招待』(半谷高久 編、東海科学選書)が出版された。この普及書は、陸水学の歴史、陸水学と物理、化学、生態学、動物学、陸水学と水道について、当時、日本陸水学会の最前線で活躍されていた会員により執筆されたものである。

　この普及書が出版されてから 25 年が経過した 2006 年、筆者は日本陸水学会会長職を務めていた。陸水学の普及のためには、最新の知見も含め魅力ある入門書・普及書の出版が必要であると考え、新しい陸水学普及書の出版計画を 2006 年度の日本陸水学会評議員会に諮り、了承された。

　2006 年 12 月に普及書の編集委員会が発足した。編集委員は花里孝幸、村上哲生、森和紀、吉岡崇仁の各会員で、委員長に村上会員が選出された。2007 年 2 月に入門書は地人書館で出版されることになり、具体的な出版計画がスタートした。それから 4 年余りが経過したが、このたびやっと刊行されることになった。執筆者と編集委員の皆さん並びに出版にご尽力された地人書館の塩坂比奈子氏に感謝したい。

　本書は 3 部で構成されている。第一部は「川と湖を見る・知る・探る」で、第 1 章は川の部で源流から河口まで旅し、途中で見られる現象について述べられている。第 2 章は湖の部で湖の四季とそれぞれに見られる現象や生態系について紹介されている。川と湖の切り口は異なるが、それぞれに特有な現象などを取り上げており、川と湖の特徴が明らかにされている。

第二部では第一部の記述に関連し、いまの陸水学がわかるトピックス（24編）についてまとめてある。第三部は「日本の陸水学史」で、わが国の陸水学の歴史について詳細に記述されている。
　この普及書を通し、陸水学の意義やおもしろさを知り、陸水学に関心を持つきっかけとなることを期待したい。

2011年8月

小倉紀雄

川と湖を見る・知る・探る
陸水学入門

●目次　　　　　　　　　　　　　　　　　　　　　　　　　　　　　　CONTENTS

はじめに　　小倉紀雄　iii

第一部　川と湖を見る・知る・探る

第1章　川を見る・知る・探る　　村上哲生

はじめに〜川へ行こう！　3
　川の水はほんのちょっぴり　3
　川へ行く前に　4
　地図の中で川を調査する　4
1　第1日目〜森から川へ　6
　川の水はどこから来るのか？　7
　森が水をつくる？　7
　流量を測ろう　9
　水質を測ろう　10
2　第2日目〜渓流の水生昆虫　12
　水生昆虫の採集　12
　水生昆虫の生息密度　12
　水生昆虫の餌は落ち葉　14
　川に落ちた葉の運命　14
　フライ・フィッシング　15
　水生昆虫は夜の川を流れる　16
3　第3日目〜ダム　17
　ダム・ダム湖　18
　ダム湖の中で起きること　18
　ダムの下流で起きること　20
　ダムとどう付き合うか　21
4　第4日目〜中流　22
　付着藻類　22
　付着藻類の機能　23
　付着藻類を食う者　23

● 目次

　　　　川の1日　24
　　　　川灯台、聖牛、霞堤　26
　　5　第5日目〜都市の川　28
　　　　上水道—川水を飲み水に　28
　　　　下水道—汚れた排水を川に返す　30
　　　　現代の水処理の課題　31
　　　　都市という特殊な世界の生き物　32
　　6　第6日目　川から海へ　34
　　　　河口、汽水域、感潮域　34
　　　　河口の水の流れを追跡する　34
　　　　岸辺のヨシ原の中で　35
　　　　干潟　35
　　　　干潟での浄化　36
　　　　海へ　38
　　おわりに〜川を良くするために声を上げよう　39

第2章　湖を見る・知る・探る　　花里孝幸

　　はじめに〜湖は一つの独立した生態系　41
　　　　湖の環境は閉じている　41
　　　　主要生物はプランクトン　41
　　　　湖と生態系生態学　42
　　1　湖ってどんなところ？　42
　　　　湖の誕生と寿命　42
　　　　湖に棲んでいる生物たち　45
　　　　湖の水質汚濁と窒素・リン　54
　　　　季節で変わる湖水の動き　58
　　2　春〜生物活動が活発になるとき　59
　　　　湖が濁るのは珪藻のしわざ　59
　　　　やがて水は澄み、次は緑色に濁る　60
　　　　動物プランクトンや水草にも変化が　62
　　3　夏〜不均一な環境がつくられる季節　62
　　　　陸上と違い、湖では春より生産量が落ちる　62
　　　　湖面と湖底で大きく異なる環境　63
　　　　ミジンコは1日のうちで浮いたり沈んだり　65
　　　　ミジンコ幼体は表水層から動かない　66

　　　　魚の捕食から逃れるための日周鉛直移動　66
　　　　夏に頭を尖らせるミジンコ　66
　　　　魚や水草たちの夏　67
　　4　秋〜冬ごもりの準備をする生物たち　68
　　　　再び循環期へ　68
　　　　厳しい環境を生き抜くための休眠卵　68
　　　　冬ごもりを始める生物たち　70
　　5　冬〜湖の環境を大きく変える氷　70
　　　　氷の下の静かな世界　70
　　　　温暖な地では冬に循環期となる　71
　　6　浅い湖〜水質汚濁問題を抱えやすいところ　71
　　　　浅い湖は成層しない　71
　　　　浅い湖は汚れやすい　72
　　　　水質汚濁で生物が増える　73
　　　　浅いが故に、景観も環境も大きく変わる　74
　　　　寒冷地の浅い湖で起こる「冬殺し」　76
　おわりに〜湖の生態系は地球生態系の縮図　77

第二部　陸水学の今がわかるトピックス24

Topics 1	湖沼や河川に見る温暖化—気候変動と陸水　新井正　80
Topics 2	湖沼の酸性化　辻彰洋　82
Topics 3	人工の小規模止水域であるため池の特徴と保全　近藤繁生　84
Topics 4	水田と氾濫原の生物多様性　西野麻知子　86
Topics 5	富栄養化の進行と底質環境の悪化—オニバスの絶滅要因を探る　角野康郎　88
Topics 6	アオコの毒性と飲料水への影響・安全性　朴虎東　90
Topics 7	安定同位体に聞く生態系の物語　吉岡崇仁　93
Topics 8	窒素安定同位体が明らかにした富栄養化の歴史—琵琶湖　吉岡崇仁　96
Topics 9	森と川と海のつながり　鎌内宏光　98
Topics 10	官民一体となった流域管理—赤谷プロジェクトの挑戦とその波及 　　　　　　　　　　　　　　　　　　　　　　藤田卓・朱宮丈晴　100
Topics 11	河川整備に住民の声を反映させるために　宮本博司　102
Topics 12	バイカル湖の湖底堆積層が物語る1000万年以上の環境変動　河合崇欣　104
Topics 13	陸水生態系における生物多様性の危機と再生の理念　國井秀伸　106
Topics 14	モク採りと里湖　平塚純一　109

Topics 15	道楽からサービス業へと変わりゆく河川漁業　山本敏哉・梅村錞二　112
Topics 16	都市に翻弄される川―利根川　吉田正人　114
Topics 17	首都圏を流れ東京湾に注ぐ大都市河川―多摩川　渡辺泰徳　116
Topics 18	日本最長の川―千曲川(信濃川)　沖野外輝夫　118
Topics 19	ダムと河口堰問題に揺れる川―木曽三川　村上哲生　120
Topics 20	ワンドとヨシ原再生への取り組み―淀川　小俣篤　122
Topics 21	琵琶湖をめぐる「はしかけ」活動　大塚泰介　124
Topics 22	琵琶湖における農業濁水問題　谷内茂雄　126
Topics 23	水質浄化が進んだ湖で起きた新たな問題―諏訪湖　花里孝幸　128
Topics 24	湖の富栄養度の指標としての漁獲量　花里孝幸　130

第三部　日本の陸水学史　沖野外輝夫

1　日本近代陸水学の幕開け　135
2　湖沼学初期の研究、湖盆、水温と水質　142
3　日本陸水学会と国際理論応用陸水学会の創設　147
4　フォーブスとフォーレル(生態系概念の創始)の提示から現代へのつながり　152
5　水質汚濁と汚水生物学　158
6　地理学的研究　161
7　河川に関する陸水学的研究　163
最後に　166
Column　日本における陸水学研究の変遷

[付録]　もっと詳しく知るために　村上哲生

1　水環境を調べる　173
2　生物の名前と生活を調べるための図鑑　174
3　川や湖をよく知るための読み物・教科書・辞典　175
4　国や自治体から、川や湖の情報を得る　177
5　陸水学会～川や湖に興味を持つ人たちの集まり　178

おわりに　村上哲生　179
引用・参考文献(図の出典)一覧　181
索引(事項索引・生物名索引・人名索引)　183
執筆者一覧　192

第一部

川と湖を見る・知る・探る

陸 水学が扱う場所は、陸にある水域である。それには、川、淡水湖、汽水湖、地下水、塩湖、河口域などがある。その中で、私たちに最も身近な水域は、川と湖（特に淡水湖）であろう。

 そこには、それぞれ特徴的な環境と生物群集がつくられている。そのことを知ることが、川や湖の生態系の理解に欠かせない。そこで、ここからは、その生態系についてお話ししよう。

 「川と湖の大きな違いはなんですか？」と問うと、ほとんどの人は、「川は水が流れているところで、湖は水がよどんでいるところ」と答えるだろう。その通りである。そして、この水の動きが、そこの環境と生物群集に大きな影響を与えているのである。

 川では、冷たいわき水が山から流れ下る間に太陽エネルギーによって暖められるが、比較的短時間で海にまで流れ下るため、十分には暖められない。したがって、水温にはあまり大きな季節変化はない。また、川の水は勾配の急な山から勢いよく流れ出すが、流れ下るにつれて勾配が緩やかになっていくため、流れるにつれて流速が落ちていく。さらに、詳しく観察すると、河床にある石が、水の流れの方向を変え、または水をよどませ、複雑な環境をつくっていることがわかる。そして、生物たちは、その複雑な環境の中で暮らすことになる。例えば、石の表面には、そこに張り付いて生活する付着藻類やカゲロウなどの昆虫がおり、流れの緩やかな石の陰などには、流水を好まないカクツツトビケラなどの生物がよく見られる。

 それに対して、水がよどんでいる湖では、夏は水温が高くなり、冬になると、寒冷地では氷が張る。そのため、水温の季節変化は川よりもずっと大きい。また、そこに生息する生物群集は、水中に浮遊するプランクトンが中心となる。温度の変化が生物たちの生活に大きな影響を与えることは、陸上の生物たちを見ているとよくわかるだろう。それは水の中でも同じだ。したがって、湖の生物群集の様子は、季節によって大きく変化するのである。

 そこで、川については、川の上流から海に面した河口まで、水の流れに乗って川を下りながら、環境と生物群集の変化を調べていくことにする。一方、湖では、季節を追って、湖水中の世界の１年間の変化を見てみよう。

（花里孝幸）

第1章 川を見る・知る・探る

村上哲生

はじめに〜川へ行こう！

川の水はほんのちょっぴり

　地球の水を全部集めると約14億 km^3 の量になるそうだ。ちょっと実感がわかないかもしれないが、丸めてみると、直径1400 kmの玉になる程度。つまり、月の直径の半分より、やや小さいくらいの水玉が空に浮いている様子を想像してほしい。ずいぶんたくさんあるようだが、そのほとんどは海水であり、飲み水などに使うことができる塩気の入っていない真水（淡水）の割合は、その中のたった2.5％に過ぎない。真水の大部分も氷や地下水なので、直接利用することは難しい。川の水はその真水の約0.003％、1200 km^3 だけだ。水の玉にすると直径13 kmしかないのだ。

　この、ほんのわずかしかない川の水で、私たちの生活は成り立っている。日本の中には大きな天然の湖のない県もあるが、川はどこにでもある。魚釣りや水遊びでおなじみだろう。私たちが毎日利用する水道の源の多くは川だ。日本の水道水の約70％が、川や川を堰き止めてためたダム湖の水からつくられている。

　川は、人の生活のためだけにあるのではない。川の中は、魚、昆虫、貝、水草、そして肉眼では見えない微生物でにぎやかだ。夏の匂い立つような若アユが私たちの食卓になければ、何と味気ないことか。水辺にヤンマやホタルの姿がなければ、どんなにさびしいことか。

　さあ、これから川の世界の探検に出かけよう。川の水や生物についてもっと知ろう。川の上流と下流ではずいぶん違った世界だ。特定の場所だけ見ても川の全体の姿はわからない。川の頭からしっぽまで、全部通して見ることによって、川が本当にわかったと言えるのだ。

　ところで、細長いヘビのような川の頭は、上流、下流どっちだろう。「源頭」という

第一部　川と湖を見る・知る・探る

上流　矢作川・笹戸（愛知県）

中流　矢作川・豊田（愛知県）

下流　矢作川・米津（愛知県）

▲図1-1　川の上流、中流、下流の様子。写真提供：野崎健太郎

言葉があるから上流が頭かもしれない。でも、「河口」とも言うから、口のある頭は川下のほうと考える人もいるだろう。どちらでもいいが、上流から、水の流れに沿って見ていくのが自然だろう（図1-1）。

この旅行で、川の世界の仕組みを理解し、今、日本の川で何が起こっているかを知ることができるだろう。そして、大事な川を守るために、これから何をしなければならないかもわかるに違いない。

川へ行く前に

川の源は山だ。山歩きができるように十分な足ごしらえをしよう。水に入るためのゴム長靴や、万一転んでも大丈夫なように、浮力のあるライフ・ジャケット（救命胴衣）も必要だ。簡単な水質測定ができる道具や、魚や昆虫を捕らえるための網も持っていこう。

準備ができてもまだ出発するのは早い。部屋の中でやっておくべき大事な仕事がある。調べたい川の地図を見ることだ。実は、現場に行かなくても、地図を見るだけで、川の姿をおおよそ知ることができるのだ。

地図の中で川を調査する

調べたい川が載っている地図を買ってこよう。国土地理院という役所が発行している2万5000分の1か、

5万分の1地形図が便利だ。長い川を調べるには、地図を何枚も買わなければならない。端っこに、ほんのちょっとだけ川が載っている地図を買うのはもったいないと思うかもしれないが、川の周辺の様子を知るためにも必要だ。

　地形図の中で川は、水色の線で描いてある。下流では幅の広い水色の帯で表されている川を上流にさかのぼっていくと、やがて1本の線になり、さらに上るとその線も消えてしまう。水色の線が消えたところが川の源なのだろうか？　実はそうではない。現地に行ってみるとわかるのだが、水色の線のないところでも相当の水のある立派な川が流れている。

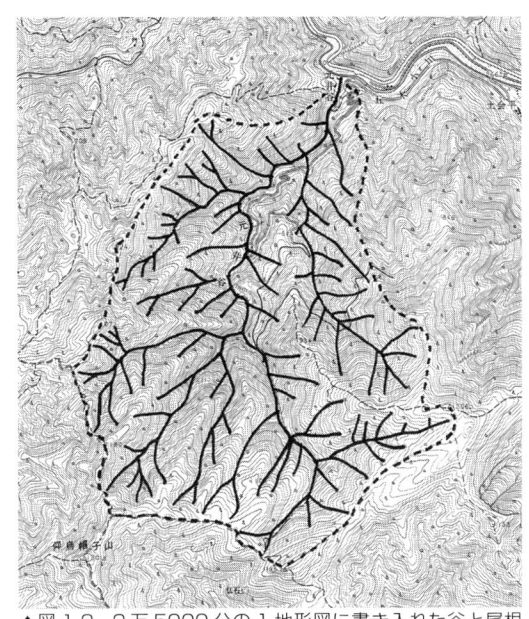

▲図1-2　2万5000分の1地形図に書き入れた谷と尾根の線。実線が谷で、葉脈が発達した木葉のように見える。谷の源の尾根をつないだ破線の内側が「集水域」になる。2万5000分の1地形図・頭地（熊本県）に加筆

こんな川もすべて地図に表すと、地図が見づらくなってしまうため省略してあるのだ。例えば、5万分の1地形図では、川幅が1.5m以下の流れは省かれている。

　地形図の等高線をよく見てみよう。線が山の頂から麓へ向かって張り出している部分が「尾根」、反対に頂上に向かって凹んでいるところが「谷」だ。当たり前のことだが、川の水は谷に沿って流れる。川をさかのぼるにつれ、谷は複雑に枝分かれしてくる。調べたい1本の川に流れ込む谷のすべてを、鉛筆で地図に書き込んでみよう。ずいぶん根気のいる仕事だ。その作業が終わった地図は、葉脈が入った木の葉のように見えるはずだ（図1-2）。川が、1本1本の谷の水を集め、大きく成長していく様子がわかるだろう。川が水を集める範囲を「集水域」と呼ぶ。

　今度は、川の長さと傾斜を測ってみよう。川は曲がりくねって流れるため、物差しで長さを測ることはできない。ぬれた糸を、基点から終点まで川に沿って置いていき、まっすぐに伸ばして物差しで長さを測る。その長さに、地図の縮尺を掛ければ、本当の川の長さがわかる。基点と終点に交わる等高線の高さを読めば、二つの点の標高がわかる。2点の高さの差を長さで割れば、川の「平均傾斜」を求めることができる。傾斜が急な

川の流れは速く、砂や小石は流されてしまい、岩だらけの渓流になる。傾斜が緩ければ、川はゆったりと流れ、砂や礫の川原ができる。

ついでに、集水域の面積も測っておこう。谷の行き止まりの尾根をつないだ線の内側の面積を測る。地図を升目の入ったトレース紙に写し取り、升目を数える。完全な升目は1、欠けている升目は2分の1として、総数を出す。1升の面積は、地図の縮尺から計算できる。1升の面積に升目の数を掛ければ、集水面積を知ることができる。升目が細かければ細かいほど、手間がかかるが正確な面積を求めることができる。集水域の面積が広ければ、川の規模も大きくなる。

1 第1日目〜森から川へ

ずいぶん長い時間、川に沿った山道を登ってきた。ここまで来ると、川の流れは岩の中に潜ったり現われたりして切れ切れだ。もうちょっと登ると尾根筋だ。ここらが川の源と考えて良いだろう。川の源と言えば、泉が湧き出したり、池があったりする風景を想像していたかもしれないが、何の変哲もないところだ。どんな川も、こんな何でもない流れから始まるのだ（図1-3）。

▲図1-3 川の始まり。飛騨川の無数の源の一つ（岐阜県・朝日村）

第1章 川を見る・知る・探る

川の水はどこから来るのか？

　誰だって、降った雨が川の水になることぐらいは常識だと言うに違いない。しかし、そのことを皆が納得するようになったのは、比較的新しい時代になってからだ。この画はドイツのアタナシウス・キルハーによって、17世紀、日本の江戸時代初期の頃に描かれたものだ（図1-4）。海水が渦を巻いて地中に吸い込まれ、地下を通って山の頂上から泉となって湧き出し、川となって再び海へ注いでいる。これが当時のヨーロッパの人たちの水の循環の考え方だった。

▲図1-4　キルハーが考えていた水の循環。ビスワス, A. K.（1979）より転載

　狭い島国の川は長さが短く、日本に住む私たちは、雨が降るとすぐに川の水かさが増すことをしょっちゅう経験している。しかし、広い大陸を流れる川の下流にいる人たちにとっては、雨と川の水の増加を直接関連づけることは難しいことだった。自分たちの町にさっぱり雨が降らないのに、川の水が増えるのを見れば、川には、雨以外の何か別の水源があると考えるのが常識的だろう。雨が川をつくることを、初めて明らかにしたのは、エドメ・マリオットだ。彼はフランスのセーヌ川で川の流量とその上流の集水域の降水量の変化を比較して、そのことを確かめた。17世紀の後半のことだ。

森が水をつくる？

　川の周りの森に「水源涵養（保安）林」と書かれた看板が立てられている（図1-5）。「涵養」とは、養い育てるとの意味だ。つまり、この森が川の水をつくっているということだ。しかし、無から有は生じない。木が水を生むのではない。降った雨を、樹木の葉の間や、落ち葉が積み重なってできた柔ら

▲図1-5　水源涵養保安林。飛騨川上流（岐阜県・朝日村）

第一部　川と湖を見る・知る・探る

かい土の中にためておき、少しずつ流す働きが期待されているのだ。この働きのことを「森林の保水力」と呼んでいる。木が茂っていると、大雨が降っても、一時に、川に水が流れ出すことはなく、また、長い日照りが続いても、蓄えられた水により、川が干上がることはなくなる。雨が降った後、森の中を歩き回ってみると、そのことを確かめることができる。保水力の大きい森の中では、降った雨のほとんどが土に染み込むため、地面の表面を水が流れた様子はほとんど見られないはずだ。一方、木が生えていない固い裸の地面には、大雨のときに水が地中に染み込まず、地表を流れた跡がくっきりと残されている（図1-6）。

　森が水をためる機能は、人がつくったダムにたとえられることもある。ダムも大雨の時に水をため、下流の洪水を防ぎ、日照り続きでもたまった水を少しずつ流して、下流の川が枯れるのを防ぐ。後で詳しく解説するが、ダムは、私たちの生活を洪水から守り、飲み水をもたらしてくれる。反面、川の流れを止めることにより、河川の環境を大きく変えてしまう。そこで、ダムの水をためる機能を森林に肩代わりさせて、できるだけダムに頼らない治水を目指そうという提案がされるようになってきた。これが、いわゆる「緑のダム」だ。治水の目的でダムが計画される場合、大雨の時の川の水かさをどれほどに見積もるかによって、建設の是非が決まる。川の水があふれるようならば、その分の水をダム湖に蓄える必要がある。その際、森林の保水力により、どの程度増水が抑えられるかが問題になってくる。それが十分に大きいならば、ダムはいらない理屈になる。

　しかし、森林の保水力を誰でもが納得できるデータとして示すことは、現在の知識ではけっこう難しい。雨の降り方、集水域の傾斜、地質、森林の樹木の密度や木の種類な

◀図1-6　地表を雨水が流れた痕。荒れた林内では、降った雨は地面に染み込まず地表を流れる。雨上がりに地面に穿たれた溝で、そのことを知ることができる（愛知県・犬山市）

第1章　川を見る・知る・探る

ど、様々な条件の違いが保水力の差として現れてくる。ダムの建設が問題となっている地域ごとに、住民や、行政担当者、研究者が協力して保水力を調べる必要があるのだ。

流量を測ろう

　谷に沿って下っていくと、川を流れる水の量がだんだん増えてくるのがわかる。では、ここらで、川の水量を測ってみよう。流量（m^3／秒）は、川の断面積（m^2）に流速（m／秒）を掛ければ知ることができる。流量を測る道具としては、物差し、巻尺、それにストップ・ウォッチの機能が付いた時計があれば十分だ。

　まず、巻尺で川幅を測る。次に物差しを使って、川の横断方向の数箇所で深さを測る。そうすると、複雑な川の断面が、いくつかの台形と三角形に分割できる。それぞれの面積を足せば、多少の誤差は出るが、川の断面積を求めることができる。今度は流速だ。川の流れが一様な場所を探す。同じような流れの状態が2〜3m続くところが良い。巻尺で長さを測って、浮子が何秒かかって流れるか測定しよう。浮子はありあわせの木の枝の切れ端でもかまわないが、小さなプラスチックの容器（例えば、お弁当のしょうゆ入れ）に水を少し入れ、水と同じ比重にしたものがより良い。1回の測定ではなく、3、4回繰り返して平均をとれば、正確な値に近づいてくる（図1-7）。

　小さな沢の滝の流量も測ってみよう。水が垂直に落ちてくるようなところでは、流速は測れない。ビニールのゴミ袋を広げて、落ちてくる水を数秒間、その中に受ける。岩肌に袋をぴったり貼り付け、水もれを少なくするのが正確に測るコツだ。袋の中の水を容積がわかっている器に移して水の量を測り、水を受けた時間で割ると、1秒当たりの流量がわかる。

　水がチョロチョロ染み出す程度であれば、良い方法がある。紙おむつを使う。紙おむつの中には、高分子

▲図1-7　流量の測定のために、川幅と流速を測定している。写真提供：林裕美子

第一部　川と湖を見る・知る・探る

ポリマーという水を良く吸収する物質が詰めてある。おむつを岩肌にしばらく押し付けた後で、台所用のはかりで重さを調べる。最初のおむつの重さとの差が、その間に流れた水の量だ。

あちこちの沢で流量を測ったら、その測定値を、旅行に出発する前に測っておいた集水面積と比較してみよう。集水面積が、大きい沢ほど流量も多いはずだ。流量を集水面積で割った値を「比流量」と呼ぶ。つまり、一定の集水面積からどれだけの量の水が出てくるかを知る目安だ。日本の川では、集水面積 $100\,km^2$ 当たりの流出量（m^3/秒）で示すのが便利だ。比流量も集水域の地形や地質、生えている樹木、また測定した季節によって、ずいぶん違う値になる。

水質を測ろう

流量の測定が済んだら、今度は水質を測ろう。簡単に測定できる「水温」と「透視度」、「pH（ピーエイチ、ペーハー）」、「電気伝導度」だけでも様々なことを知ることができる。透視度の測定は、目に見える水の濁りを数値として表すための手段だ。pHと電気伝導度は、目に見えない水に溶け込んだ物質の濃度を知るための方法だ。

水温は、棒状の温度計があればよい。全体を水に浸けて、目盛を読むときにも空気にさらさないようにすると、精度良く温度を測ることができる。水温は、季節により変化するとともに、川の様子を知るための助けとなる。夏場には、同じ川でも、水がよどんでいる場所は水温が高く、底から水が湧き出すところでは、水温が低くなる。

透視度は、透明なプラスチック管の底に目印を付け、その目印が見えなくなるまで水を入れ、その深さを濁りの指標として測定する（図1-8）。水が濁っていれば透視度は数cm程度まで落ちるが、水が澄んだ渓流では100 cm以上になる。水の濁りを数値として示せば、測定の場所や時間を変えて、その値を比較することができる。世界で最も起源の古い水質調査法の一つだ。この原理は、19世紀にイギリスのテムズ川でファラデーが提案したものだ。ファラデーは、『ろうそくの科学』などの著書でも有名な物理化学者だ（図1-9）。

▲図1-8　誰でも簡単にできる透視度の測定（静岡県・天竜川）

pHは、水が酸性かアルカリ性かを示す指標だ。小さな管びんに川の水を入れ、pHの変化により色が変わる試薬を2、3滴垂らす。色見本と比較して、pHを測る。簡単だが、0.1の精度でpHを知ることができる。普通の川では、pHは7前後の中性であるが、温泉や鉱山の排水が流れ込む沢では、著しく低くなることがある。

　電気伝導度とは、水が電気を通す程度を示す指標だ。蒸留水は電気をほとんど通さないが、ほんのちょっとでも塩気が混じると、電気を良く通すようになる。水の中で、塩がナトリウムのプラスイオンと塩化物のマイナスイオンに分離するためだ。電気伝導度が高いということは、水の中にイオンがたくさん含まれているということを意味する。電気伝導度計のガラスの電極を水に入れると、電気伝導度を測ることができる（図1-10）。台所にみそ汁の塩分濃度を測る道具（塩分計）があるかもしれない。塩分計は、電気伝導度計と同じ原理で、汁の中のイオンの濃度を測る。

　電気伝導度は、水が汚れると高くなる。値は、mS/m（ミリジーメンス/メートル）という、ちょっと見慣れない単位で示される。この渓流の水の電気伝導度は、5 mS/m、ずいぶんきれいな水だ。街の中の汚染が進んだ川では、10 mS/m以上になる。でも、バケツに水を汲んで手を洗った後で、もう一度その水を測ってみると、びっくりするほど高い値になっているはずだ。手についた汗の塩分や汚れのためだ。汚染されてい

▲図1-9　ファラデーの水質調査（19世紀に描かれた漫画）。ファラデーはテムズ川の汚れを調べるために、白い紙を川に沈めた。濁っていれば紙はすぐに見えなくなる。当時のテムズ川では、2 cmの深さで紙が見えなくなったそうだ。船上の紳士がファラデー、水中にいるのはテムズの水の神

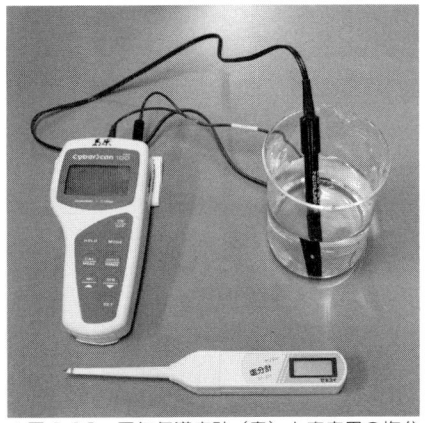

▲図1-10　電気伝導度計（奥）と家庭用の塩分計（手前）。家庭用の塩分計も、電気伝導度を測り、塩分濃度に換算する原理でつくられている。精度はあまり良くないが、河口域などで塩水の浸入を測定するときなどには十分使える

ない川でも、海に近づくに従い、電気伝導度は次第に高くなる。海からの塩の影響だ。河口では 1000 mS/m を超える。世界で初の化学的な水質汚染の調査は、この塩分量を目安にして実施された。海から離れた場所でも電気伝導度が高い場合には、塩分を含む人のし尿の汚染が疑われるわけだ。19世紀末のアメリカで、エレン・スワローという女性がやったことだ。

2　第2日目～渓流の水生昆虫

　テントの周りに、たくさんの虫の死がいが落ちている。昨日の夜、ランプの灯に集まっていた虫だ。翅（はね）が透明で弱々しい虫が「カゲロウ」、ガに似た虫が「トビケラ」だ。がっちりした大型の「カワゲラ」は、まだ元気にはい回っている。これらの虫は、幼虫の時代を水の中で過ごす。トンボの幼虫のヤゴが水の中で生活しているようなものだ。今日は、川の中の虫「水生昆虫」の勉強をしよう。

水生昆虫の採集

　流れの速い瀬の石をそっと持ち上げてみよう。2～3 cm の小さな虫が、あわてて石の裏に隠れる様子が見られるはずだ。カゲロウの幼虫だ。今度は、流れのよどんだ淵にたまった落ち葉を引き上げてみよう。小さな木の葉のくずの塊が動き出す。トビケラの幼虫だ。落ち葉のくずをつづり合わせて巣をつくっている種類だ。砂粒でできた巣を持つ種類もいる。指やピンセットでつまみ上げても良いが、台所から持ってきた目の細かい粉ふるいがあると便利だ。川底の砂をふるってみると、トンボのヤゴも見つかるはずだ。採集した虫は、卵のプラスチックのパックに水を入れて、種類ごとに分けて入れておこう。いっしょにすると、小さな種類は、肉食の昆虫にかじられてしまう（図 1-11）。

　捕らえた水生昆虫を虫めがねで観察しよう。どの水生昆虫にも鰓（えら）が見えるはずだ。カゲロウでは、腹部の側面に付いている板状の器官がそれだ。カワゲラは、首や脚の付け根に糸状の鰓がある。イモムシのようなトビケラの幼虫の腹部にも糸状の鰓が見られる。水生昆虫の多くは、鰓で水中の酸素を取り込むのだ。

水生昆虫の生息密度

　水生昆虫の種類がわかるようになったら、次は、水生昆虫の密度を調べてみよう。川底 1 m^2 当たり、何匹の昆虫がいるのだろうか？

　水生昆虫の密度を調べるには、「サーバーネット」という網を使う（図 1-12）。25 cm

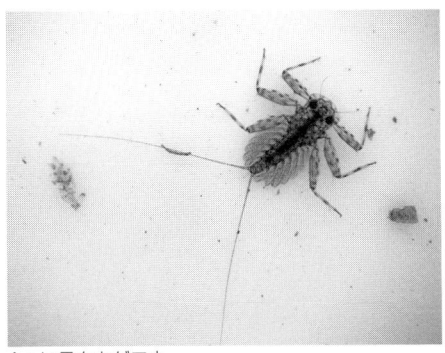

第1章 川を見る・知る・探る

A：ヒラタカゲロウ

B：カワゲラ

C：コバントビケラ。落ち葉を切り取って、2枚を貼り合わせて巣をつくる

D：ヒラタドロムシ。硬貨のような丸い形をしている。これでも甲虫の仲間

▲図1-11　様々な形をした水生昆虫の幼虫。写真提供：林裕美子（A、C、D）、串間研之（B）

四方の金属の枠の後ろに細かい網が付いている。この枠を川上側に置いて、枠内の昆虫をみんな、網の中に流し込む。石をブラシでこすったり、川底を熊手で引っ掻き回したりすると、浮き上がった昆虫が水の流れにより網の中に入る。これで25 cm四方の水生昆虫が網の中にすべて入ったことになる。この数を16倍してやれば、1 m²当たりの数になる勘定だ。虫の数を現場で

▲図1-12　サーバーネット。写真提供：林裕美子

数えるのはたいへんだから、アルコール漬けにして、帰ってからゆっくりと数えよう。

13

水生昆虫の餌は落ち葉

　渓流の水生昆虫は意外にたくさんいるものだ。1 m^2 当たり、1000 匹を超えることも珍しくない。では、この虫たちは何を食べているのだろうか？　私たちが食べているお米やパンの中のデンプンや、タンパク質、脂肪などを一まとめにして、有機物と呼ぶ。水生昆虫が何を食べているのかという問いは、難しく言えば、河川生態系を成り立たせている有機物の流入の経路の究明ということになる。この問いかけは、河川の生物の世界を理解するために、極めて重要な問題だった。

　渓流に流入する有機物として、落ち葉が重要であることがわかったのは最近のことだ。それまでは、川の中の魚や昆虫などの動物は、主として、川の中の水草や小さな藻類がつくった有機物を食べていると考えられていた。草原のバッタがその場の草をかじり、湖の魚やミジンコが湖の植物プランクトンを食べているように、全く当たり前のことだと思われていたのだ。

　しかし、1970 年代からの河川研究は、その常識をひっくり返してしまった。何と渓流の水生昆虫の餌の有機物は、川の外の森林から、落ち葉の形で供給されるというのだ。今までの川の研究は、川の中の物質の動きや生物の相互関係だけを視野に入れておけば良かった。しかしこれからは、川の外の集水域も無視できないことになる。有機物は、川の外の陸上から供給され、川の流れに乗って下流へ、そして海へと運ばれる。川は、川の中ですべてが完結する閉じた世界ではなく、川の外との物質のやり取りで成り立っている開いた世界なのだ。

川に落ちた葉の運命

　川の中に落ちているカエデの葉を見ると、葉の硬い筋を残して柔らかい部分がかじられている。まるでレースのようだ（図 1-13）。これは、川底の落ち葉に潜り込んでいる芋虫のようなガガンボの幼虫が食べた痕だ。でも、こんな筋だらけの落ち葉を食べるだけで、昆虫は十分に育つことができるのだろうか？　実は、水に落ちた葉は、木の枝にくっついているときよりも、良質の餌に変わっているらしいのだ。水の中に落ちた葉を顕微鏡で見てみると、小さな細菌がいっぱい付いている。葉から、水に溶けやすい物質が染み出し、そ

▲図 1-13　レースのように穴だらけになったカエデの落ち葉。Cummins (1974) より転載

第1章　川を見る・知る・探る

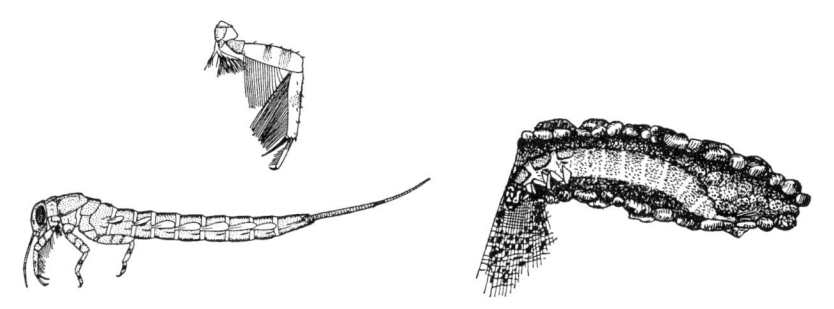

▲図1-14　コレクターの水生昆虫。Hynes (1970) より転載
左：チラカゲロウ。前脚がほうきのようになっていて、細かい落ち葉のくずをかき寄せる
右：シマトビケラ。口から出した糸で網を張って餌を引っ掛ける

れを食べる細菌が、葉の表面で増殖しているのだ。このことを最初に発見した研究者は、落ち葉を「ピーナツ・バターを塗った薄いトースト」にたとえた。葉のトーストよりも、塗られた細菌のバターの栄養の価値がより重要なのだ。落ち葉を食べるのは、ガガンボだけではない。トビケラの仲間や、甲殻類のヨコエビもそうだ。いらなくなった書類を処分する器械のように、葉を細かく砕いて食べる「破砕食者（シュレッダー）」だ。

　細かく砕かれた葉の一部は、下流に流れていく。これも水生昆虫の大事な餌だ。細かい粒子となって流れてくる葉の破片を能率良く集めるために、昆虫は様々な工夫をしている。前肢に毛を生やし、ほうきでチリを掃き集めるように細かい破片を集めるチラカゲロウや、クモの巣のような網を川底に張って破片を集めるシマトビケラの仲間がその代表だ。このような食物の集め方をする生物を「採集食者（コレクター）」と呼ぶ（図1-14）。川の中に入った落ち葉は、形を変えながら川下に流れていき、様々な昆虫の餌資源として使われていくのだ。

　川の中の代表的な水生昆虫の1グループであるカゲロウのことを、英語で「may fly」と呼ぶ。直訳すれば、「5月の羽虫」だ。カゲロウ類の多くが初夏に羽化して人目に付くようになるからだ。カゲロウの成虫は餌をとらない。交尾して卵を産み、すぐに死んでしまう。しかし、この日のために、幼虫は餌を十分食べておかなければならない。とすると、餌の落ち葉が豊富な秋から冬にかけて、幼虫の時期を過ごすことが有利になる。カゲロウが「5月の羽虫」であるのは、このような生活の結果なのだ。

フライ・フィッシング

　渓流は、イワナやアマゴなどの魚の棲む場所だ。獲物を狙ってたくさんの釣り師が、渓流をさかのぼってくる。昔は、イクラやミミズのような餌を付けて釣ったものだが、

第一部 川と湖を見る・知る・探る

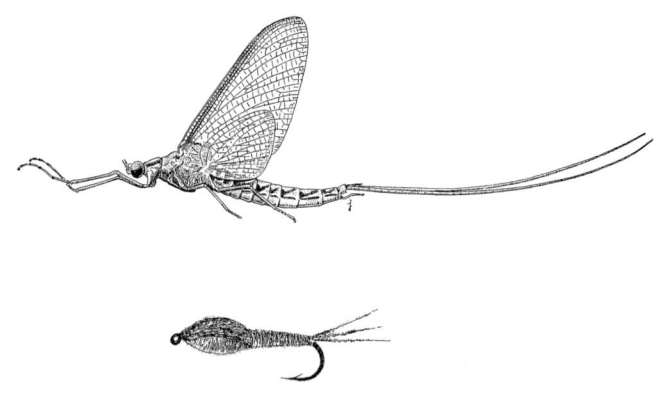

▲図 1-15 水生昆虫の成虫（上）とそれを模したフライ（下）。魚に見えないと思われる透けた翅などは省略してつくられる。
上：Burks (1953)、下：Sawyer (1958) より転載

今は、「フライ（毛鉤）」と呼ばれる水生昆虫の成虫に似せた擬餌鉤を使うのが流行だ（図1-15）。鳥の羽などでつくった美しいものだ。これを水面付近で、あたかも虫が飛んでいるように操ると、魚がだまされて釣鉤に引っかかる。

ところで、川の中の魚は、水中に棲む昆虫の幼虫を食うのが当たり前のように思えるのだが、なぜ陸上で生活する成虫に模した毛鉤が使われるのだろうか？ サーバーネットで調べたように、餌になりそうな水生昆虫は川底にたくさんいるのに。これは魚が、上手に岩陰に隠れている水中の虫を、餌として認識できないためだと考えられている。水生昆虫が魚に食われるのは、隠れ場所から流れ出したり、羽化のときに水面に上ってきたりしたときらしい。実際、魚のお腹を割いて、何を食べているのか調べてみると、川に張り出した木の枝から水中に落ちたと思われる陸上生活の昆虫や、水生昆虫でも羽化した成虫を意外にたくさん食べていることがわかる。水生昆虫が落ち葉を食べているように、魚の餌のかなりの部分も、川の外からもたらされるのだ。

水生昆虫は夜の川を流れる

渓流に棲む水生昆虫は、激しい流れに耐えるように、平べったい体をしていたり、吸盤で岩にくっついたりしている。でも時には、流されていく昆虫もいる。昔は、昆虫の川流れは、「事故」だと思われていた。しかし今では、昆虫は「自発的」に川下に流れていくのだと考えられている。分布を下流に広げるためだ。

しかし、川底に隠れていれば魚に見つからないが、川を流れるとなると魚に食われる危険性が大きくなる。では、どうすれば良いのか？ 魚が餌を食わない夜の間に、川を

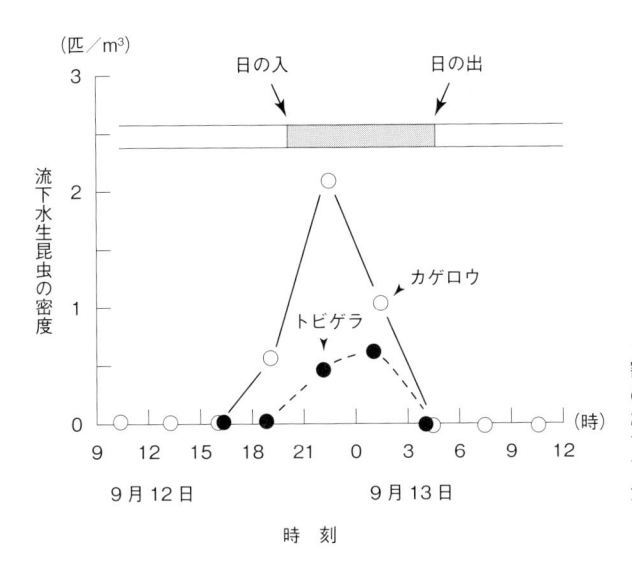

▲図 1-16　川を流れる水生昆虫の密度の日変化。日が落ちると流れ始め、日が上ると流れるのをやめる。2006 年 9 月 12 ～ 13 日にかけて岩尾内川（天塩川の支川・北海道）での観察例。佐藤（2007）の観測資料に基づき作図

下るのだ。流れる水生昆虫を捕らえる特殊なネットで、時間ごとに、何匹の水生昆虫が捕らえられるか調べた結果は驚くべきものだった。日が落ちると、日中の 10 倍以上の昆虫が流れていくことがわかったのだ（図 1-16）。

　水生昆虫は、不断に川下に流れている。では、やがて上流域には 1 匹も昆虫がいなくなってしまうじゃないかと思うかもしれない。うまくしたことには、川を下りながら成長した昆虫は、羽化後一斉に上流に向かって飛んでいく。そして上流で卵を産み、卵から孵化した幼虫は、再び川を下るのだ。

3　第 3 日目〜ダム

　川を下っていくと、大きな湖に流れ込んでいた。天然の湖ではない。人が川を堰き止めてつくった人造湖、ダム湖だ。日本の大きな川には、たいていダムがつくられている。ダムは大雨の時に増えた水をため、下流の洪水を防ぐ治水機能や、水道水源や農業用水、工業用水を確保する利水機能を備えた私たちの生活に欠かせない施設だ。一方、ダムが川の水や、魚などの生物の移動を妨げることにより、川の自然を大きく変え、ひいては川とともにある地域の生活を全く以前とは違ったものにしてしまう問題も、近年注目されるようになってきた。今日は、ダムについて勉強してみよう。

第一部　川と湖を見る・知る・探る

ダム・ダム湖

　ダムは、川の傾斜が急で、川幅が狭まったところにつくられる。効率良く水をためるためだ。ダムを支えるために両岸が強固な岩の地盤であることも必要だ。地形図では、川の幅が広がった部分の最も下流にある、川を横切るような長方形のマークがダムだ。当たり前のことだが、どのダムも、その川で一番適した場所を選んでつくられていることには感心させられる。たいていのダムは、コンクリートづくりだが、岩くずを積み重ねたロックフィル・ダムもある。水がもれそうな外観だが、ダムの芯は水を通さない材料でできているから大丈夫だ（図1-17）。

　ダムによってつくられた貯水池をダム湖と呼ぶ。人造湖だが、天然の湖のような名前が付けられているダム湖もある。日本最大のダム湖である奥只

コンクリートづくりの重力式ダム（飛騨川・高根第一ダム）

ロックフィル・ダム（馬瀬川・岩屋ダム）。岩くずから成る堤から洪水吐の水路を見下ろしている

▲図1-17　様々なダム

見ダム湖は、銀山湖と呼ばれることが多い。釣り人がたくさん集まる貯水池だ。しかし、ダム湖は天然湖とは異なる性質を持っている。川の中にダムがつくられることにより、ダムの上流と下流ではどんなことが起こるだろうか。

ダム湖の中で起きること

　ダムの近くには管理事務所があるはずだから、調査の前にはあいさつに出向いておこう。ダムの構造やダム湖の規模などを説明したパンフレットなどの資料をもらえることもある。さあ、ボートに乗ってダム湖にこぎ出してみよう。ダム本体の近くは危険なため、立ち入り禁止だ。また、下流の町の水道水源でもあるから、水を汚したり、ごみを捨てたりすることは今まで以上に慎もう。

　上流から流れ込む水が澄んでいても、ダム湖の水は濁って見えることがある。理由の一つは川と違い水が深いため、少しの濁りでも目に付きやすいためだ。しかし、大きな

ダム湖では湖のようにプランクトンが発生して、濁ることもある。山奥のダム湖でも、水が豆のポタージュ・スープのように見えるくらいプランクトンが発生することもあるほどだ（図1-18）。

ダムの中で起こっていることは、水面を見ているだけではわからない。ダムの底の水を汲み上げて調べることが必要だ。深いところの水を汲むための簡単な道具は、自分でつくることもできる。

▲図1-18　ダム湖に密に発生したプランクトンの様子。市房ダム（球磨川・熊本県）での観察例

これは、プラスチックのパイプの両端を弁の付いたゴム栓で閉じたものだ（図1-19）。この装置に錘を付けて静かに水中に下ろすと、上下の二つの弁が開き、水が入ってくる。水を汲みたいところの深さまで降ろし、急に引き上げると水圧で弁が閉まり、外の水と混じらないで水を汲み上げる仕掛けになっている。ガラスびんの胴とゴム栓のそれぞれにひもを付け、水中でひもを引っ張り栓を開ける仕掛けでも良さそうに思えるが、深い水の底では強い水圧がかかるため、栓は絶対に開かない。

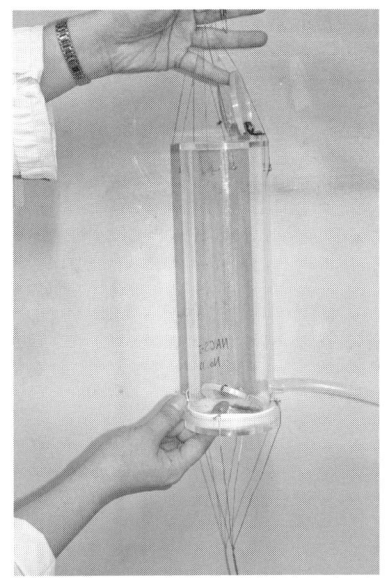

▲図1-19　深いところの水を汲む工夫。弁を開けた状態を示す。水中で急激に引き上げると弁が閉まる

手早く水温を測ってみよう。初夏のダム湖の表面の水の温度は、すでに20℃を超えている。しかし、ダム湖の底の水は約5℃の冷たい水だ。底の水が入ったプラスチックのパイプの表面は、大気中の湿気により見る見るうちに曇っていく。この冷たい水は、春先に流れ込んだ雪融け水だ。冷たい水は密度が大きいために、表面の暖かい水と混じらな

いのだ。20℃の水は、5℃の水に比べて約0.18%軽くなっている。わずかな差のように思えるかもしれないが、密度の異なる水の塊は、意外に混じり合わない。水温の異なる大量の水をかき混ぜるには、台風のときのように強い風が吹くか、大雨が降ってダム湖の水が一掃される機会を待つしかない。

ダム湖の底にたまった冷たい水の中の有機物、これは周りから流れ込んだ落ち葉や、ダム湖で発生したプランクトンが死んで沈殿したものだが、それらが微生物により分解され、水中の酸素を消費していき、やがて、ダムの底は全くの無酸素状態になる。底水の色を調べてみると、煤のような黒い粒が見えるはずだ。卵の腐ったような匂いもする。いずれも酸素が少ない環境であることの証拠だ。

ダムの下流で起きること

プランクトンが発生したり、湖の底に冷たい酸素不足の水がたまったりする現象は、天然湖でも見られる。だが、天然湖と違い、ダム湖では、底から水が抜かれることに注意する必要がある。琵琶湖の水は瀬田川から、諏訪湖の水は天竜川から表面の湖水が流れ出すが、ダム湖の水は、底から抜かれる場合が多い。ダムの天辺にクレスト・ゲート（洪水吐）と呼ばれる水門が付いているが、あれは、ダムに水があふれそうなときに開ける非常用の施設だ。ふだんはダム湖の底の水が管を通って、下流に流される。ダムの下流で水温が低くなったり、水が濁ったりするのはそのためだ。

ダムの下流に冷たい水が流れる問題は、敗戦後、日本にたくさんのダムがつくられ始めた頃からの課題だ。水温が低い水で水稲を栽培すると成長が遅れるし、アユなどの魚の餌の食べ方も鈍る。目に見えない微生物の世界だって、影響を免れることはできない。水温の低下とともに、光合成や呼吸の速度は著しく落ちていく。

濁りの問題も深刻だ。洪水のときに発生した濁りは、ダムがなければすぐに海に流れ去り、澄んだ川が戻るのだが、ダム湖にたまった粘土粒子は少しずつ流れ出し、長い間、川を濁らせる。アユの餌となる礫に付着した藻類は、光がなければ生活できない。水中の濁りは光を遮り、藻類を枯らしてしまう。流れが緩いところでは、粘土は川床に沈殿し、昆虫などの生息場所を覆ってしまう。

ダムは水をためるとともに、土砂などもダム湖にためる。土砂が供給されないダムの下流では、川底が次第に深く掘れ、橋げたが抜け上がってしまう事故も起きることがある。逆にダムの上流では、土砂がたまって川が浅くなり、ちょっとした増水でも水があふれてしまう（図1-20）。洪水を防ぐためのダムだったのに皮肉なことだ。

ダムの被害は、意外な面にも及ぶ。洪水のときにダムから放水される水の音と振動は

第 1 章　川を見る・知る・探る

▲図 1-20　ダムの上流での砂の堆積（天竜川の秋葉ダム上流・静岡県）

すさまじいものだ。そのために、ダムのすぐそばの家の瓦や壁土が落ちたりするほどだ。また、大量の水をためたダムのすぐ下で生活する人たちの気持ちも考えてほしい。ダムが壊れ、頭の上から水が落ちてくるなど、まずないことは、理屈のうえでは納得できても、心の中の不安をぬぐい去ることは難しい。

ダムとどう付き合うか

　ダムが川の環境に及ぼす悪い影響だけを説明したので、ダムをつくることに反対したり、現在使われているダムを取り去ることに無条件に賛成したくなったかもしれない。しかし、話はそう簡単ではない。ダムをつくるかわりに緑を増やし、森林の保水力を高めることは良いことではあるが、それだけでは洪水を防ぐことができない川もある。また、日本の飲み水の約 70％が、ダムに水を蓄えることでまかなわれていることも思い出すべきだ。私たちが生活を営むうえでは、多かれ少なかれ、自然を壊さざるを得ない。

　人と自然との関わり合いについては、人の生活を最優先し人の利用しやすいように自然を変えていこうという考え方から、人の生存自体が自然にとって害悪であるとの考え

第一部　川と湖を見る・知る・探る

まで幅があり、それぞれ道理が通った説明ができる。ダムのもたらす利益と害のバランスは、地域や時代によって違ってくる。ダムは、敗戦後の日本に水とエネルギーをもたらし、豊かな生活を保障するとともに、川と、川に棲む生物、川で生活する人たちを痛めつけてきた。今までのダムの功罪を分析することで、ダムとの付き合い方を決めるのは、これからの課題だ。

4　第4日目〜中流

　森に囲まれた渓流をさらに下っていく。川はたくさんの支川を合わせて水量が増え、川幅も広がってくる。川の傾斜は緩くなり、大きな岩だらけだった川底は、丸い礫が目立つようになる。両岸に迫っていた河畔林（かはんりん）は後退し、川には日の光が十分差し込み、明るくなってくる。この光を有効に利用できる生物、つまり光合成ができる藻類やそれを食う昆虫や魚などが、中流の生物の世界では主役になる。

　川の近くは、農業にも水運にも便利な場所だ。日本の川の中流域は、昔から多かれ少なかれ人の手が加わっている。中流域の川の世界を知るためには、川とそこに生活する生物に加え人の干渉をその構成要素として考えなければならない。

付着藻類

　川底の礫を水から引き上げて触ってみよう。上流の渓流では、礫は磨かれたように何も付いていないことが多い。しかし中流では、礫の底の部分は本来の石の触感だが、川の水にさらされている上側はヌルヌルした手触りだ。礫の表面を覆っている茶色や緑色の皮膜は、小さな微生物からできている。

　皮膜の一部をブラシではぎ取って顕微鏡でのぞいてみると、たくさんの、様々な形をした藻類が見られ

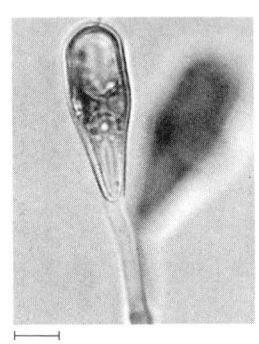

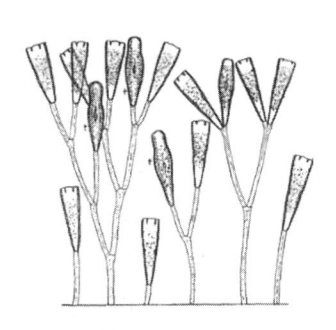

1/100 mm

▲図 1-21　河川の付着藻類
左：クサビケイソウの顕微鏡写真。上部のひょうたん型の藻類の細胞が長い柄で付着基盤（礫など）に付いている
右：クサビケイソウの森（19世紀に描かれたスケッチ）。礫から立ち上がった藻類は、葉をつけた樹木のように見える

る。ゾウリムシやアメーバのような、単細胞の原生動物も混じっている。大きいもので1mmの10分の1、小さいものでは100分の1以下の生物の世界だ。

　皮膜の構造を壊さずに拡大された画像を見てみると、藻類は、樹木が茂った森のように見える（図1-21）。原生動物は、その中を飛び回る鳥のようだ。藻類を森にたとえるのは見た目だけではない。陸上で森が果たしている役割を、水中では樹木とは比較にならないほど小さい生物が務めているのだ。

付着藻類の機能

　さて、陸上の森の働きは何だろうか？　植物しかできない役割は「光合成」だ。植物は、水と二酸化炭素から、太陽のエネルギーにより、ブドウ糖と酸素をつくり出す。ごく基本的な反応だから、化学反応の式も紹介しておこう。ブドウ糖が鎖のようにつながったものがデンプンだ。実際は、植物の体の中で複雑な反応が起きているのだが、最終的に消費される物質と生産されるそれとの差し引きを示すと、この式のようになる。

$$6CO_2 + 6H_2O \longrightarrow C_6H_{12}O_6 + 6O_2$$
（二酸化炭素）　（水）　　　　（ブドウ糖）　（酸素）

　光合成には、植物の持つ緑色の色素「葉緑素」が必要だ。木の葉が緑なのはそのためだ。礫に付着している藻類も植物の仲間だ。でも、たいていの場合、川底の礫の付着皮膜は茶色に見える。本当に葉緑素を持っている植物なのか、ちょっとした実験をやって確かめてみよう。茶色の付着皮膜をはぎ取って、小さなガラスびんに詰め、その中に消毒用のアルコールを注いでみよう。強いお酒でもよい。すると、透明なアルコールは、鮮やかな緑色に染まる。同じように、木の葉を細かくちぎって、アルコールをかけてみよう。やはりアルコールは緑になるはずだ。どちらも、細胞の中の葉緑素がアルコールに溶け出したためだ。藻類の被膜が茶色に見えたのは、多量に含まれている茶色の色素の色が強く出て、緑色を隠しているためだ。食卓に上る茶色の海藻、昆布やヒジキでも同じ方法で、葉緑素が含まれていることを知ることができる。

　気をつけて川底を見ると、付着藻類が盛んに光合成により酸素をつくり出していることが観察できる。特に夏の午後など、礫の上の藻類皮膜に小さな泡がたくさんついているはずだ（図1-22）。これは、藻類がつくり出した酸素の泡なのだ。

付着藻類を食う者

　藻類がつくり出した有機物は、中流域の様々な水生生物の餌となる。この柳の葉のよ

第一部　川と湖を見る・知る・探る

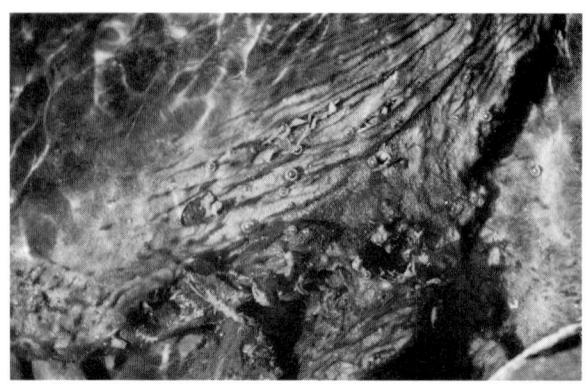

▲図 1-22　付着藻類の被膜に付く酸素の気泡。日当たりの良い川底では、光合成により、盛んに酸素がつくられる。水に溶け込む限度以上の酸素は気泡となる

うな模様が付いた礫は、アユが櫛のような歯で付着藻類を削り取って食べた痕だ（図1-23）。礫に付いた付着藻類がはぎ取られると、礫の地色が細長い葉のような模様として現れる。アユ釣りをする人たちは、この模様を「食み痕」と呼んでいる。釣りの名人になると食み痕を見ただけで、その川に棲むアユの大きさや密度がわかるそうだ。もっぱら付着藻類を食うアユが、上流の樹木に覆われた暗い渓流でもなく、水がよどんで光が川底に届かない下流でもなく、付着藻類の生育に適した光あふれる中流域を生息域としていることは、餌の面からは当然のことなのだ。

　渓流に多かった落ち葉を食う水生昆虫の仲間も、中流域ではその種類と密度は減少し、代わって、付着藻類を食う種類が目立つようになる。礫に密着して、表面の藻類皮膜を食う生物を「刈り取り食者（スクレイパー）」と呼ぶ。

川の1日

　当たり前のことだが、光合成は、太陽の光が差す時間にしかできない。だから光合成によりつくられる水中の酸素濃度も、1日のうちで激しく増減する（図1-24）。初夏の明け方、水温が20℃くらいであれば、水中に溶け込んだ酸素の量は、水1トン当たり8.7ｇ程度である。日が高く上るとともに、水中に差し込む光の強さは増し、水温の上昇とともに酸素濃度も10ｇを超えるようになる。水に溶け込む酸素の量には限りがあるため、限界を超えた酸素は泡となって礫の

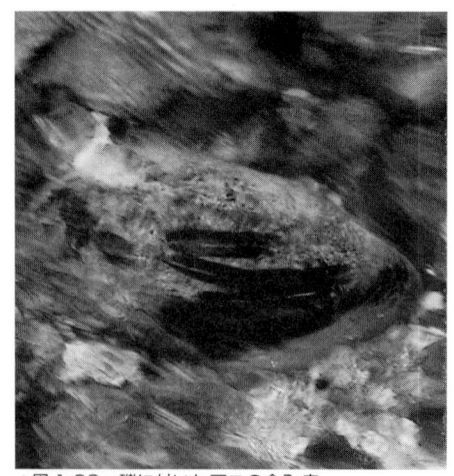

▲図 1-23　礫に付いたアユの食み痕

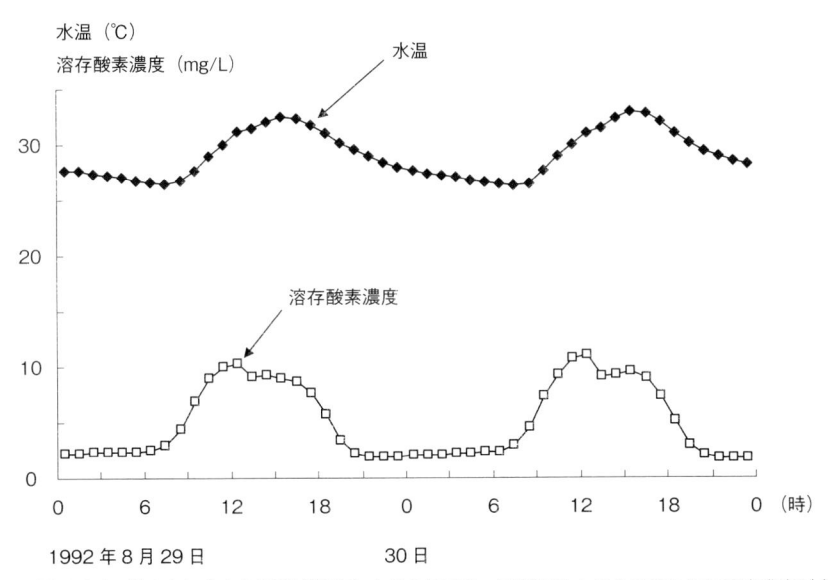

▲図1-24 川の水に含まれる酸素濃度と水温の日変化。日が昇ると光合成のために酸素濃度が上がり、日が沈むと下がる日変化が繰り返される。天白（てんぱく）川（名古屋市）での観測事例

表面に付くことになる。日が落ちると、酸素濃度は再び減少し始める。魚や水生昆虫、微生物の呼吸によって、酸素と有機物が消費され、二酸化炭素と水になるためだ。実際は、日中も酸素は消費されているのだが、光合成による供給量がずっと多いので、減っていく様子が見えないのだ。呼吸の反応式も紹介しておこう。光合成と全く逆の反応だ。

$$C_6H_{12}O_6 + 6O_2 \longrightarrow 6CO_2 + 6H_2O$$
（ブドウ糖）　（酸素）　　　（二酸化炭素）　（水）

　さて、光合成により酸素が生産されるとともに、水中の二酸化炭素が消費される。二酸化炭素のことを炭酸ガスと呼ぶこともある。これは、二酸化炭素が水に溶け込むと、炭酸という酸になるためだ。ソーダ水の酸味はこのためだ。もっとも、今、市販されているソーダ水にはクエン酸などが混ぜられていて、酸味が強められていることが多い。水中の二酸化炭素が光合成により使われてしまえば、水はアルカリ性に傾く。藻類の多い河川では、明け方のpHは中性の7程度であっても、天気の良い日の日中は9程度まで上がることもある。このpHの上昇は一時的なものだ。川の水を小さなびんに詰め、激しく振れば、空気中の二酸化炭素が再び溶け込み、pHは下がる。
　水の酸素濃度やpHが変われば、水中に含まれている様々な物質の動きも変わってく

る。水に溶けていた物質が沈殿したり、逆に川底の沈殿した物質が溶け出したりしてくる。同じ物質でも、水に溶け込んでいる状態と沈殿したそれでは、生物に及ぼす影響、例えば毒性も異なる。川の水質は、川が流れる地域の地質や、集水域の土地利用などによって大本は決まってくるが、川の中の藻類の活動によっても、1日のうちで著しく変化するのだ。

川灯台、聖牛、霞堤

　人の姿を見ることが少なかった上流とは異なり、中流域の川は、釣りや職業的な漁業、農業用水の取水など様々に人に使われるようになる。一方、便利な川の近くに住み着いた人の生活を守るように堤防などの施設がつくられるのも、中流部の川の特徴だ。

　川は、水とともに、様々な物質を下流に運ぶ。人も川の流れを利用して、大量の物資を輸送してきた。材木を筏に組んで流したり、浅い川でも使えるような平底の船で米が運ばれたりした。船の安全な行き来を守るための灯台は、海辺ではおなじみだが、大きな川筋では、川の岸辺にも灯台が据え付けられていた（図1-25）。鉄道や道路の発達により川を使った運送が廃れてしまった今でも、復元された川灯台

▲図1-25　長良川・上有知川湊（こうずちかわみなと）の川灯台（岐阜県・美濃市）

▲図1-26　長良川中流に見られる聖牛（岐阜県・岐阜市）

で昔の盛んな舟運を偲ぶことができる。

　川の中に数本の材木を組み合わせた構造物が見られる。変な名前だが、聖牛と呼ばれているものだ（図1-26）。川の流れが激しいと、岸辺が水の流れによって削られる。岸を守るためには流れを緩くしてやることが必要だ。この「牛」を川の中に入れてやると、その近くの水の流れを和らげることができる。昔は、洪水で流れがきつくなることが予想されると、木や竹で聖牛を大急ぎでつくり、川の中に投げ込んで水の勢いを削いで堤防を守ったそうだ。今も、コンクリート造りの牛が、岸辺を守っている。聖牛のほかにも、川の中に石づくりの「水弾き」を突き出して水の流れを緩くする治水の努力も払われた（図1-27）。

　霞堤も、昔の洪水制御の方法の一つだ。今の堤防は切れ目なしにつながって、町や水田を洪水から守っている。霞堤は、堤防の一部が低くなっている切れ切れの堤防だ。増水した川の水は低い部分からあふれ、川岸の低地を水浸しにしてしまう。こんな堤防が、何の役に立つかと思うかもしれない。昔の堤防を築く技術では、洪水を完全に川の中に閉じ込めることはできなかった。しかし、洪水で本当に怖いのは、水の勢いによる破壊力だ。霞堤からあふれた水の勢いは著しくそがれるため、多少の浸水はあるものの、家が流されたりする壊滅的な被害は免れることができる。

　霞堤からしょっちゅう水があふれる場所では、普通の植物は侵入することができず、湿った土地を好む独特の植物が生えている。水弾きで流れが緩くなった場所には土砂が積もり、やがて、川の一部が切り離されて小さな池ができる。大阪を流れる淀川付近では、「ワンド」と呼ばれるのがそれだ。ワンドには水草が茂り、タナゴなどの流れが緩い場所を好む魚の良い生息場所になる。

　日本の川の中流域の景色とそこに棲む生物の世界は、自然の川の営みだけでできあがったものではない。長年の、川と人との関わりによってできあがった自然なのだ。

▲図1-27　木曽川下流に見られる「水弾き」（ケレップ水制）。並んだケレップ水制の間には土砂がたまり、水の流れがよどんだ場所「ワンド」ができる

人の手が加わった身近な自然を「里山」と呼ぶ。クヌギやコナラの雑木林、農業用のため池や灌漑水路などが里山の代表的な環境だ。川の中流域もそうだ。手つかずの原生の自然も大事だが、私たちが慣れ親しんだ、人とともに在る自然も同じように高い価値を持っていることを理解してほしい。

5　第5日目〜都市の川

　平野へ入った川は、さらに幅が広がり、砂地の河原も見られるようになる。人との関わりも密接になる。川の周りにまで迫ってきた人家や農地を守るために頑丈なコンクリートの堤防がつくられ、上水道や農業のための取水口や、都市を経由せずに洪水を海に流すための放水路も見られるようになる。川の水の一部は上水道として都市に流れ込み、下水道として再び川に戻る。川の流れから少しそれて、町に流れていった水の行方を追跡してみよう。

上水道—川水を飲み水に—

　大都市の地下には、巨大な川が流れていると言ったらびっくりするかもしれない。私たちは、1日、1人当たり約200 L（0.2トン）の水を使っている。100万人規模の都市であれば、1日に20万トン、1秒では2.3トン、その他に工場などで使われる水を合わせれば、都市の地面の上を流れているちょっとした川よりもずっとたくさんの水が、上水道として、また使用済みの水が下水道として、地下を流れているのだ。利根川や荒川のような大河川であっても、渇水期には10トン／秒以下の水量になることと比べれば、その量の巨大さが実感できるかもしれない。

　最初に話したように、地球上の川の水はほんの少ししかない。世界中の人たちが私たち日本人並みに水を使うとすれば、70億人の人たちが川の水を使い尽くすのには1日しかかからない計算になる。私たちは川の水を繰り返し使わなければならない。川の水を飲めるように浄化することを上水処理、使った水をきれいにして川に返すことを下水処理という。どちらも小さな生物を使って水を浄化する。水の中での微生物による有機物の分解を大規模に、また効率良く行うために手助けするのが、浄水場や下水処理場の働きだ。

　飲み水を配給する上水道は、江戸時代にもすでにあった。多摩川の羽村堰から引いた川の水が、木の水道管を通して、江戸の町の中心部に送られていた。しかし浄水場で、濁りを取ったり消毒したりして安全な水を送り出すようになったのは、明治の初め頃か

らだ。

　さあ、浄水場にやって来た（図1-28）。大きなプールのような施設がたくさん並んでいる。ろ過池だ。浄水場では、水源の川の水のごみや砂をこしたり、沈めたりして取り除いた後、1日当たり3～4mの速度で、砂の層をゆっくりと通す。この処理方法を「緩速ろ過法」と呼ぶ。「緩速」とは、遅い速度という意味だ。砂の表面に付いた微生物が、水の汚れとなる有機物を分解し、無害な二酸化炭素と水に変えてしまう。繰り返しになるが、この反応式をもう一度思い出してほしい。

▲図1-28　浄水場（名古屋市・鍋屋上野浄水場）。プールのようなものがろ過池。写真提供：名古屋市上下水道局

$$C_6H_{12}O_6 + 6O_2 \longrightarrow 6CO_2 + 6H_2O$$
（ブドウ糖）　（酸素）　　　（二酸化炭素）　（水）

　砂の隙き間よりもずっと小さい病原菌や細かい濁りの原因となる粘土は、砂の層を素通りするように思えるかもしれない。しかし、微生物は砂粒の表面にノリのような膜をつくり、病原菌や粘土を砂粒にくっつけて逃がさない。

　浄水場での水の浄化の働きを知るための模型は、簡単につくることができる（図1-29）。透明なプラスチックの筒に砂を詰め、川の水を通してやる。筒の底に小砂利を敷き、次に粗い砂、その上に細かい砂を積み重ねると、本物のろ過池らしくなる。繰り返し水を注ぐことが必要なため、熱帯魚の水槽に使われる小さな水揚げポンプを付けておくと便利かもしれない。白い砂はやがてクリーム色になる。これが微生物の膜が付いた証拠だ。砂に微生物が付着した頃を見計らい、今度は水に粘土を混ぜて濁った水をゆっくり通してみる。砂の層からはきれいに澄んだ水が出てくる。

　微生物によって水がきれいになることをさらに詳しく確かめるためには、砂の層に熱湯をかけて、つまり微生物を殺して、同じように汚れた水を通してみるとよい。消毒し

第一部　川と湖を見る・知る・探る

た砂の層を通った水の中には、微生物が生きていたときにろ過した水よりも、たくさんの病原菌が含まれているはずだ。

　浄水場では、砂を通った水に、さらに塩素、例えば、プールの消毒に使う「晒し粉」も塩素化合物の1種なのだが、それを加えて飲み水として配給する。緩速ろ過法では安全でおいしい水が得られるが、生物が働く時間が必要なため、ゆっくりと砂の層を通さなければならない。そのため大量の水を得るためには、広いろ過池をつくる必要がある。古い浄水場を上空から見ると、敷地の大半がろ過池で占められているほどだ。

　大都市では、広い敷地を確保することが難しくなり、短時間の急速ろ過法で飲み水をつくる浄水場が多くなってきた。この方法では、緩速ろ過法に比べ10倍以上の速度でろ過ができる。能率良く大量の水をつくることができる反面、水質や、病原菌の除去率は微生物の働きを借りた水処理よりも劣るし、水の味が今一つとの意見もある。

▲図1-29　ろ過池の断面（名古屋市・鍋屋上野浄水場）

下水道—汚れた排水を川に返す—

　使った水は、下水道を通して、川や海に返される。日本では、上水道の普及が急速に進んだのに対して、下水道の整備は遅れた。ユーゴーの小説『レ・ミゼラブル』の中で、主人公のジャン・バルジャンが下水道の中を逃げ惑う場面がある。舞台となった時代は18世紀のフランス革命の時期だが、すでに大男が立って歩けるほどの太い下水管がパリの地下に張り巡らされていたのだ。でも、これは日本の下水処理の立ち遅れを物語るものではない。日本では糞尿を肥料として利用していたので、海や川に流さず、畑に戻していたためでもある。また、パリの下水道も不十分なもので、下水は処理されることなく川に流されていた。現代の下水道では、下水管が終末処理場につながっているのとは大違いだ。

第1章　川を見る・知る・探る

▲図 1-30　下水処理場（名古屋市・名城処理場）。主な施設は地下にあり、地上はテニスコートなどに利用されている。写真提供：名古屋市上下水道局

　下水処理場は、微生物による有機物の分解反応を利用して水をきれいにする施設だ（図 1-30）。糞尿や排水を処理する施設にしては、あまり臭いがしない。街中の処理場では施設全体を覆ってしまい、臭いが外に漏れないような工夫がしてある。

　さて、下水処理だが、あらかじめ大きなごみや砂を除いた汚れた水をタンクに入れ、空気を吹き込む。水の中の微生物が溶け込んでいる有機物を食べ、その濃度を低くする。この反応は、上水処理で砂の表面につく微生物が果たす役割と全く同じだ。砂の隙き間には空気が含まれているが、水の中では酸素が不足して反応が進まないため、空気を送り込んでやることが必要なのだ。食べられた有機物の一部は微生物が生きていくエネルギーとして使われるが、一部は微生物の体となる。都合の良いことには、タンクの中で増えた微生物どうしはやがてくっつき合い、大きな塊となるため、静かに放っておけば微生物の塊は沈殿し、上澄み液はきれいになる。上澄み液を塩素で消毒すれば、下水処理は完了だ。

現代の水処理の課題

　安全なおいしい水をつくり、使った水を再び川に返す技術は日ごとに進歩している。今紹介した上水道と下水道の技術は、ごく基本的なものだ。都市により飲み水の原料となる水の質は異なり、また排水の水質もそうだ。現場の技術者は、それぞれの都市で、水質に合わせた技術を独自に工夫して、上下水道の安全を守っている。

しかし、現代の水処理技術は万全ではない。上水道では、新たな危険物が次々に指定されている。浄水場が検査しなければならない項目は、農薬などの化学的に合成された物質を中心に年々増えるばかりだ。塩素消毒でも死なない微生物も見つかっている。クリプトスポリジウムという生物がそれだ。厚い膜を被っているので、塩素が効かないのだ。ただ幸いなことに、細菌やウイルスよりもはるかに大型であるために、濁りとともに取り除くことができる。水道の現場では今まで以上に厳しく濁りを管理することにより、この問題を解決してきた。

下水処理場では、雨の日がたいへんだ。下水管には、排水とともに雨水も入ってくる。下水処理場の能力を超える水は、ほとんど処理されずに放流される。これでは18世紀のパリの下水道から全く進歩していないも同然だ。現代の下水処理の方法では、有機物は効率良く取り除くことができるが、窒素やリンの除去効率はあまり良くない。この窒素やリンが再び海を汚す。また、当たり前のことだが、微生物が食べることができない有害な金属、例えば鉛や水銀などは、下水処理場で消えてなくなるわけではない。そのまま上澄み液に混じって排出されたり、微生物の塊に含まれたりした金属は、再び私たちの環境に戻ってくる。下水処理場では、水中の有機物は微生物に食われる。つまり、水がきれいになっただけ、大量の微生物の塊が残される。その塊は水を切り、燃やして、かさを小さくして捨てられるのだが、それでも大都市では、膨大に発生する灰の捨て場所に困るくらいの量になる。

都市という特殊な世界の生き物

人が便利に暮らせるような都市は、一方では、自然に反した環境だ。町の中で見かける川は、実に奇妙なものになっている。都市の川で甲羅干しをしているカメのほとんどは、アカミミガメという外国産の種類だ（図1-31）。ほおに赤い模様があるため、昔から日本にいるイシガメやクサガメとは簡単に区別することができる。50年ほど前、アカミミガメの小さい時期のものをミドリガメと呼んで飼うのが流行したことがあるが、その子孫が街中で増えているのだ。

工場から温かい排水が流れる水路では、熱帯魚のティラピアが群れを成して泳いでいるのが見られる（図1-32）。童謡でおなじみのメダカも都市の周辺ではほとんど絶滅し、外国から来たタップ・ミノーに取って代わられている。ルアー釣りが盛んなブラックバスやカムルチーも外国生まれの魚だ。

外国から来たカメや魚を外来生物と呼ぶ。不自然な都市の環境は、日本に在来の生物を棲めなくするとともに、外来生物の繁殖に都合の良い生活場所を提供している。外来

第1章 川を見る・知る・探る

▲図1-31 アカミミガメ。都市の中のお寺や神社の池で見ることが多い（名古屋市南区・笠寺観音）

▲図1-32 ティラピア。温かい廃水を出す工場の下流で冬に採集されたもの（名古屋市・荒子川）

生物は、「生態系を乱す」というスローガンの下に、撲滅が叫ばれている。確かに、琵琶湖など水産業に大きな影響を与え、たいへん困っている地域もある。だが、元はと言えば人間が運び込んだ生物だ。外来生物たちも声が出せれば抗議したいだろう。

　また、私たちの自然との付き合い方を見直すことも大事だ。街の中の公園に、従来そこにいなかったゲンジボタルを放したり、川にコイをたくさん放流したりするのも、水鳥に餌を与えて異常なほどの数を呼び集めたりすることも、外国産の魚を放すのと同じように、不自然なことだということを知る必要がある。その不自然さをおかしいと自覚しない限り、外来生物の悲劇は繰り返される。

6 第6日目〜川から海へ

　川幅はますます広がり、水の流れはほとんど止まったかのように思われる。川の水は細かい粘土で濁っている。川原の礫も小粒になり、砂や泥の岸辺も見られるようになる。ヨシやマコモの茂みにはヨシキリが巣をかけ、根元にはカニがはい回っている。川はもうすぐ海に注ぐ。

河口、汽水域、感潮域

　川の流れが緩やかになるにつれ、川が物質を運ぶ力は小さくなる。水に流されていた細かい砂や落ち葉などの破片は、次第に川底に沈んでいく。しかし、真水の中では、細かい粘土はなかなか沈まない。止まった水でも、直径が 0.002 mm 以下の粘土粒子が 10 cm 沈むのに 8 時間もかかる。だが、「河口」では、粘土も沈殿する。海の水がさかのぼってくるためだ。川の水をなめてみると、満潮のときならば薄い塩の味がするかもしれない。電気伝導度を測ってみると 3000 mS/m を超えている。海水と淡水の混じった水を「汽水」と呼ぶ。塩分の作用により、細かい粘土は互いにより集まり、沈殿しやすくなる。水に溶け込んだ金属も同じだ。

　ここで、実験をしてみよう。透明な硝酸銀の溶液を川の水に1滴垂らすと、白い沈殿が生じる。水に溶け込んでいる銀イオンと海水の中の塩化物イオンが反応したためだ。河口では、上流から運ばれた様々な物質の多くが川底に沈殿する。有機物に富む泥の川底では、それらを有効に利用できるゴカイやカニが活躍する世界になる。

　海の影響は、意外に上流まで及んでいる。満潮時の潮が上る区間は、塩分や電気伝導度を測ることで知ることができる。しかし、その上流の塩分がさかのぼらないところまでも、実は海の影響が及んでいる。水面の位置を、岸辺の杭や石垣に目印を付けて、その変化を観測してみよう。満潮のときには海水により川の水が押し上げられ水位が上がり、干潮になると下がることがわかる。この潮の干満を感じる区域を「感潮域」と呼ぶ。感潮域では、1日のうちに水の流れの方向や速度が変わる。

河口の水の流れを追跡する

　河口の水の流れは複雑だ。表面の水の動きだけならば、水と比重が同じもの、例えば、リンゴやミカンを川に放り込んでおけば簡単に知ることができる。しかし、感潮域での水の流れは、潮の干満に従い、1日の中でも変化するのはもちろん、川の水深ごとにも異なった水の動きが見られる。満潮の際は、表面の流れは下流に向かっていても、川底

では塩分を含んだ比重の重たい水が川をさかのぼっていることもある。深さの異なる水の流れを追跡するのには、浮子（図1-33）を使う。水に浮かせた発泡スチロールの下に水の流れを受ける羽を付けたものなら、つくるのも簡単だ。羽の位置を浅いところに持ってくれば浮子は水の表面の流れに沿って動き、深いところに持ってくれば深いところの水の動きを知ることが

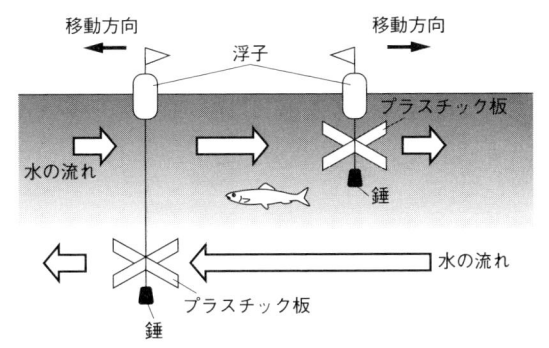

▲図1-33　汽水の水の動きを調べるための浮子。水の流れをとらえる羽の位置の違いで、浮子の移動方向が異なる。浮子は、プラスチックの板と錘、発泡スチロールで簡単につくることができる

できる。羽の位置の異なるいくつかの浮子を流せば、深さの異なる水の動きが一目でわかる。時間ごとに浮子の位置を地図に書き入れてみると、川の水は、行きつ戻りつしながら、ゆっくりと川下へと移動していることが理解できるだろう。

岸辺のヨシ原の中で

　岸辺に広がるヨシ帯の中に分け入ると、カニが逃げ惑うザワザワとした足音が聞こえる。地面をちょっと掘ってみると、ミミズに似たゴカイがたくさんいる。どちらも、釣りの餌として使うため、おなじみだろう。ところで、こんなにたくさんいるカニとゴカイは何を食べているのだろうか？　つまり、河口域の生物の世界を成り立たせている有機物はどこから来るのだろうか。上流部では落ち葉が、中流部では付着藻類が有機物の供給源として重要であった。

　ヨシ帯の生物はヨシの葉を食べている。しかし、生の葉ではなく、地面に落ちて腐ったものだ（図1-34）。有機物の供給の面からは、上流の渓流も河口も落ち葉に依存しているのだ。河口では上流から流れてくる落ち葉、人が川に流すごみなども重要な餌として付け加わる。

干潟

　いよいよ川の旅もおしまいだ。川が海に大量の土砂を流し込むところでは、遠浅の干潟ができる。川が運ぶ土砂の組成や、干潟のできる位置、海の水の流れの影響などで、砂の干潟ができるところもあれば、泥の干潟になるところもある。干上がった干潟は砂

第一部　川と湖を見る・知る・探る

▲図1-34　ヨシ原の中の様子。微生物により分解されかけたヨシの葉は、カニやゴカイの良いえさとなる。Stanneほか（1996）より転載

と泥の砂漠のように見えるかもしれないが、生物でにぎやかな世界だ（図1-35）。潮の引いた干潟は、やがて金色に染まる。砂の隙間にいた黄褐色の色素を持った藻類が、光を求めて干潟の表面に移動してきたためだ。中流の礫に付着する藻類は動くことができないが、干潟の藻類は、はい回ることができる種類が多い。足元の小さな穴は、ゴカイやカニの巣穴だ。緩く溶いた石膏（せっこう）を流し込むと、穴の形が写し取れる。砂浜にたくさん残されているチドリの足型を取ってもおもしろい。

干潟は、シギやチドリなどの水鳥が渡りをするときの重要な中継地となる。ヨシ帯や干潟のカニやゴカイがそれらの鳥たちの餌となるのだ。また近頃では、干潟は川の水を浄化し、海を汚染から防ぐ機能が重視されるようになってきた。

干潟での浄化

　浄水場や下水処理場で見てきたように、浄化とは、人の生活によって出てきた有機物を二酸化炭素や水に分解し、無害化することだ。干潟の上に落ちた有機物の塊、例えばヨシの葉は、下水処理場で活躍した微生物により分解される。下水処理場では大量に発生した微生物の塊を焼いて処分していたが、干潟ではゴカイやカニがそれを食べ、さらにシギやチドリの餌となる。干潟の中に張り巡らされた食う・食われるの関係の網目の中で（図1-36）、微生物の体となった有機物は、動物の呼吸によりエネルギーを発生し、水と二酸化炭素に分解されてしまう。残されるのはわずかな量の糞（ふん）に過ぎず、これもやがては、他の生物の餌となる。何と合理的な処理場だろうか。

▲図1-35　干潟の満潮（左）と干潮（右）。藤前干潟（名古屋市）の同じ位置で撮影したもの。写真提供：寺井久慈

　下水処理場ではうまく取り去ることができなかった窒素も、干潟では効率良く除ける。尿の中に入っている窒素の化合物、アンモニアは、酸素がたっぷりある環境で硝酸になり、硝酸は酸素が少ない場所で窒素ガスになって、大気に戻される。下水処理場では、人の力で酸素の量を制御して廃水から窒素を抜き取る工夫をしているが、干潟では、潮の干満により、それが自然にできているらしい。つまり、満潮で水をかぶった干潟は酸素不足になり、干潮で潮が引けば、空気中から酸素が供給される仕組みがそれだ。

　潮干狩りでおなじみのアサリやシジミなどの二枚貝も、水の浄化に一役買っている。これらの貝は、水の中に漂っている細かい粒子、例えばプランクトンや植物の破片をこし取り、餌にしている。たった1匹のシジミでも、一晩でコップ1杯の水をろ過することができる。水辺のヨシやマコモが、窒素やリンを吸収する働きも無視できない。昔はヨシをよしずなどに細工して利用していたため、刈り取られた植物に含まれる窒素やリンが、その分だけ除去されたことになる。

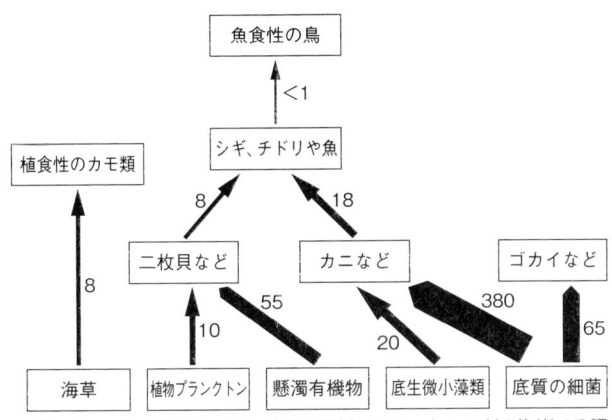

▲図1-36　干潟の食う・食われるの関係。スコットランドの海岸での調査例。矢印と数字は、$1m^2$・1年当たりの有機物中の炭素の動きと量（g）を示す。和田（2000）を改変して転載。元データはBaird & Milne（1981）による

第一部　川と湖を見る・知る・探る

　たくさんの生物により組み立てられた、能率の良い廃棄物処理場である干潟の処理能力にも限界はある。能力を超えた汚物の流入は、干潟の機能を壊してしまう。さらに、日本の干潟は埋め立てにより、次第にその面積を減らしている。また、川の上流のダムが砂の供給を絶つため、砂浜が欠ける海岸もある。「白砂青松」、白い砂浜に緑の松原の景色は、もはや昔の思い出になってしまった。これ以上、海岸が荒れることを見過ごしてはいけない。

海へ

　山奥の小さな渓流から始まった水の旅は、海に至って終わったわけではない。海の表面から蒸発した水は再び陸地に雨として戻り、循環を繰り返す。水とともに運ばれた物質は海の中でも様々な生物に利用され、また一方では深刻な影響を及ぼすらしい。ずいぶん深い海の底でも川から運ばれた落ち葉が見つかるし、川を汚染した農薬が遠く離れた南極で検出されることもある。川は、山と海とをつなぐ通路であり、世界中の海もまたつながっているのだ。

　でも、川の旅行はこれでひとまずおしまいとしよう。川を海に導く導流堤の突端が川の終点だ（図1-37）。

▲図1-37　川の終点。写真の右の中州から突き出ているのが導流堤。その奥に、2本の線のように見えるのは防潮堤（宮崎県・大淀川河口）

おわりに〜川を良くするために声を上げよう

　川を巡る旅行で何を感じただろうか。川や川の生き物のことを全部わかったように話したが、実は、川にはわからないことがまだいっぱいある。どこにでもいて目に見えるくらいの大きな川虫でも、正式な名前が付いていない種類がたくさんある。顕微鏡を使わなければ見えない生物についてはなおさらだ。川に入った様々な物質がどのように移動し、生物にどのような影響を及ぼすかもわかっていないし、川につくられたダムが川を変える仕組みも詳しくはわからない。簡単だと思われる水の量の測定も、洪水のときどれだけ流れ、水位をどのくらい押し上げるのかを精度良く調べようとすると、今のやり方では難しいところもある。研究する課題はたくさん残っているから、将来ぜひ、川の研究者として活躍してほしい。

　川の仕組みの細かいところはわからなくても、今の日本の川を何とかしなくては、と感じてくれたかもしれない。川の環境の監視や改善には、個人や地域で取り組めるものもあるが、国や自治体などの行政を通して実現される例がはるかに多い。その際、行政の調査や指導などの活動の根拠となるものが法令だ。法令の仕組みを理解することにより、川の現状を的確に理解し、環境改善のための活動を効率的に行うことができるようになるだろう。

　川に関わる代表的な法律の一つが「河川法」だ。明治時代にできたこの法律は、川の洪水を押さえ込むこと（治水）に主眼が置かれていた。敗戦後の昭和時代、経済が発展し、そのために多量の水を利用すること（利水）が必要となり、旧河川法は改正された。そして、平成になって、旧来の治水・利水に加えて、環境についても配慮するように、再び法律が改正された。時代とともに変化してきた河川法は、人が川に何を求めてきたかを象徴している。

　新しい河川法（1997年制定）では、河川を管理する役所が、将来に向けて、川を変えようと計画する場合、「学識経験を有する者」の意見を聞くことが必要であると定めている。何だか物々しいが、学識経験者は、学者だけを指すものではない。地元の川を良く知っている漁師さんや住民、学生だって「学識経験を有する者」として意見を述べることができるのだ。せっかくの良い制度だ。堂々と川をどうするのか意見を述べよう。皆の声が大きくなればなるほど、川は良くなっていくはずだ。

第2章 湖を見る・知る・探る

花里孝幸

はじめに〜湖は一つの独立した生態系

湖の環境は閉じている

　川を下る旅を終えたら、こんどは風のない穏やかな日に、小舟に乗って湖に出てみよう。時には水しぶきが上がる川とは打って変わって、漕いでいる舟は、まるで鏡の上を滑るように進む。舟を停めて、湖面から澄んだ水の中をのぞいても、生き物らしきものはほとんど見えない。川とは大きな違いだ。でも、この湖水の中には肉眼では見えにくい無数の生物が棲んでいるのだ。そして、湖という場とそこに棲む生物によって、極めて特徴的な生態系がつくられている。

　その特徴の一つは、湖がかなり閉鎖的な環境を持っていることだ。そのため、他の生態系との区別が容易である。湖に生息する生物種の多くは陸上と大きく異なり、また川とも異なる。そのため、他の生態系の生物と区別しやすい。さらに、一部の魚などを除き、一生のほとんどの期間を湖の中だけで暮らしているものが多い。

　例えば森林生態系では、そこに生息している動物の中には、一部の鳥やほ乳類、昆虫類など、森林とその外の地域との間を行き来しているものが多い。彼らが森から出て草地で餌を食べ、森に帰るという行動をとると、その生物は、草地の生産物に大きく依存することになり、純粋に森林生態系だけに所属している動物ではなくなるのである。

　したがって、湖は、一つの独立した生態系を研究するのに都合が良い。

主要生物はプランクトン

　もう一つの特徴は、主要な生物がプランクトンであるということだ。プランクトンは遊泳能力が乏しいので、湖水中に比較的均一に分散している。そのため、一定量の水を採取して、その中の生物種の個体数を数えることで、湖に生息しているプランクトン種

とそのおよその量がわかる。これも、生態系の研究をするうえで大きな利点である。

これに対して、例えば森林では、植物は不均一に分布しているため、その総数や生息する植物種を網羅することが難しい。また、植物を食べる動物の多くは、限られた食草に群がるので、その分布も極めて不均一である。森林の中で動き回っている動物たちの個体数を明らかにすることがさらに難しいことは、容易に想像がつくであろう。

したがって、湖は、生態系を定量的に解析するのに極めて優れた場所であるということになる。

湖と生態系生態学

昨今、環境問題が毎日のように新聞紙上で取り上げられるようになった。環境問題は、我々人類が環境を変えることで生態系が変化し、それが人類自身の健康や生活に悪影響を及ぼすことによって生じている。したがって、この問題の解決には生態系の理解が重要である。

生態系とは、ある場所の生物群集とそれを取り巻く非生物的環境を含んだものである。その中では、太陽から与えられたエネルギーが植物に取り込まれ、それが食物連鎖を通して移動し、最後には熱エネルギーとなって地球外に出ていく。また、植物は様々な物質（元素）を環境中（大気や土壌、水中）から取り込んで植物体（有機物）をつくる。そして、その物質は食物連鎖を介して様々な生物の間を移動し、呼吸や分解によって再び環境中に戻ることになる。したがって、物質は生物群集と非生物的環境の間を循環している。このエネルギーの流れや物質の循環を理解することが、生態系の機能を理解するうえで極めて重要なことになる。このような視点で生態系全体を取り扱う学問を、「生態系生態学」と呼ぶ。湖は閉鎖的な環境を持ち、生物を定量的に扱うことが容易にできるということから、湖での研究は、生態系生態学の発展に大きく寄与しているのである。

1 湖ってどんなところ？

湖の誕生と寿命

日本には様々な湖があるが、それらの湖の生まれ方は一通りではない。

日本は火山国なので、火山活動によって生まれた湖が多い。火山が噴火すると、火口ができる。そこに雨水が溜まると湖になる。それを火口湖と呼ぶ。宮崎県にある御池や宮城県にある蔵王御釜がその例だ（表2-1）。また、火山活動に伴って、陥没や爆発、侵食による大きな火口状の凹地ができ、湖になることがある。それをカルデラ湖と呼ぶ。

第2章　湖を見る・知る・探る

カルデラ湖には深い湖が多い。北海道の摩周湖（最大水深211.5 m）や鹿児島県の池田湖（最大水深233 m）がその例である。さらに、火山の噴火によって溶岩が流れ出し、それが川を堰き止めることがある。そうなるとそこに水が溜まり、堰止湖となる。これは、いわば自然のダム湖である。堰止湖は、地震によって崩れた土砂が川をふさぐことでもつくられる。この湖の代表は、栃木県の中禅寺湖や山形県の大鳥池である。

　日本は地震の多い国である。地震は断層が動いたときに起きることが多い。そのときに地面が陥没し、そこに水が溜まって湖になることがある。このように生まれた湖は、断層湖と呼ばれる。滋賀県の琵琶湖や長野県の諏訪湖がその例である。また、川と沿岸流の働きによって、河口域に砂が運ばれ、その水域の一部が海から切り離されて湖となる。それを海跡湖と呼ぶ。四方を海に囲まれている日本には海跡湖も多い。代表的な海跡湖は、北海道のサロマ湖や秋田県の八郎潟（八郎湖）である。ほかにも、蛇行していた川の褶曲部分が川から切り離されて生まれる三日月湖などもある。

　湖が生まれると、そこに流れ込む川が運び込んだ土砂や、湖の中で生活していた生物の死体が沈降し、湖底に溜まることになる。その結果、湖は少しずつ浅くなっていくのである。誕生したときには深かった湖も、何千年、

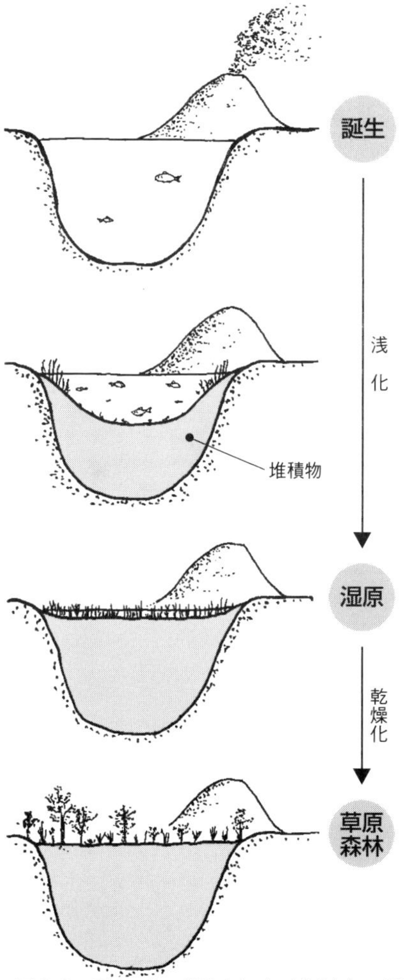

▼表2-1　成因に基づいた湖の分類と、それぞれのグループの代表的な日本の湖

湖の分類	代表的な日本の湖
火口湖	御池［宮崎県］、蔵王御釜［宮城県］
カルデラ湖	摩周湖［北海道］、池田湖［鹿児島県］
堰止湖	中禅寺湖［栃木県］、大鳥池［山形県］
断層湖	琵琶湖［滋賀県］、諏訪湖［長野県］
海跡湖	サロマ湖［北海道］、八郎潟（八郎湖）［秋田県］

▲図2-1　湖の一生。湖は少しずつ浅くなり、湿原を経て、草原、森林へと変わっていく

何万年と時間が経つうちに浅くなり、ついには水深が1mにも満たなくなる。そうなると、湖全体に湿生植物が繁茂し、湿原となる（図2-1）。今、存在する湿原の多くは、湖の末期の姿なのである。そして、さらに堆積が進んで湖が完全に埋まると、湖の一生は終わりを告げる。そこは、その後、乾燥化して森林へと変わっていくのである。

　日本には湖面積が1km^{2}以上の自然湖沼が98あり、その58%が北海道と東北地方に分布する。日本で最も大きな湖は滋賀県の琵琶湖だ。その表面積は674km^{2}になる。次に大きな湖は、1957年までは秋田県の八郎潟（湖面積220.2km^2）であったが、干拓されて湖面積が45.6km^{2}にまで小さくなってしまった。そのため茨城県の霞ヶ浦が2位に昇格した。そして、現在の第3位は、北海道のサロマ湖である。深さで見ると、最も深い湖は秋田県の田沢湖で、最大水深は423mある。田沢湖の標高は249mなので、湖底は海面よりも174mも下にあることになる。最大水深の第2位は北海道の支笏湖（360m）、そして第3位が青森県と秋田県にまたがる十和田湖（334m）である。

　世界全体を見渡すと、自然湖沼は北米のカナダとアメリカ合衆国北部、北欧の国々、そしてロシアに多い。これらの国々はすべて北半球の大陸の北部に位置していることに気づかれたであろう。実は、この地域に湖が多いことには氷河が関与しているのである。そこは、1万年ほど前に終わった最終氷期に氷河に覆われていた場所である。その後、氷河が山へ後退した後に、溶けた水が氷河によって削られた窪地に溜まったり、氷河によって運ばれた末端の堆石（モレーン）に堰き止められて湖になったというわけだ。そのため、多くの湖の寿命は1万年よりも短い。それ以外の湖でも、年齢は長くても数万年程度である。

　ただし、例外的にそれよりはるかに長寿の湖がある。例えば、シベリアにあるバイカル湖は世界一長寿で、年齢は約3000万年にもなる。他にはアフリカ大陸の東部にあるタンガニーカ湖（2000万年）などがある。これらの湖が長寿であるわけは、これらが断層湖であることと関わりがある。断層湖でも誕生後に少しずつ浅くなっていくが、湖が埋まる前に再び大きな断層活動が起きると、湖底が陥没して湖が深くなる。それによって湖が長い間埋まらずに維持されているのである。このような湖を古代湖と呼ぶ。

　古代湖は、湖の中に隔離された生物が、独自の進化を遂げるのに十分に長い時間、水を蓄えていたため、その湖にしか生息しない固有種がいるところが多い。それに対してほとんどの湖では、その年齢が若いので、固有種と呼べる生物はほとんど生息していない。実は、日本にも古代湖がある。それは琵琶湖だ。この湖の年齢はおよそ400万年で、そこには固有種が多く生息している。

　日本では今、オオクチバス（ブラックバス）などの侵入（密放流）により、琵琶湖を

はじめ多くの湖の生態系が撹乱されることが大きな問題となっている。湖の固有種を外来種から守るという視点で見ると、琵琶湖は他の湖と異なり、極めて貴重な生物群集を維持している特別な湖と言えるだろう。

　日本は欧米の国に比べると、決して湖の数が多い国ではない。しかし、ユニークな湖が多い。まず、年齢では、琵琶湖は日本の湖の中で断然のトップであるが、世界の湖の中でもベスト10に入る。また、日本一深い田沢湖も、深さでは世界の湖のベスト10に入っている。ほかにも、北海道の摩周湖は世界でも指折りの貧栄養湖（透明度の高い湖）だ。また、蔵王御釜の水はおよそpHが1だ。自然湖沼では、世界で最も酸性度の高い湖の一つだろう。

　このように、湖といっても、大きさや深さ、水質などが大きく異なり、それに応じて複雑な生態系がつくられているのである。

湖に棲んでいる生物たち

　さて、それでは湖の生態系を学んでいくことにしよう。そのためには、まず、湖に棲んでいる生物について理解する必要がある。

　すでに述べたが、湖における主要な生物はプランクトン（浮遊生物）であり、それが湖の生態系を特徴づけている。その中には、バクテリア（細菌）プランクトン、植物（性）プランクトン、そして動物（性）プランクトンがいる。

　バクテリアプランクトンは水中に漂っているバクテリアである。単細胞生物で、大きさはおよそ2 μmかそれ以下のものが多い。バクテリアは分解者であり、死んだ生物体や動物の排泄物などを分解してエネルギーを得ている。そしてその分解作用によって、生物体（有機物）をつくっていた元素が元の無機物に戻される。湖水中のバクテリアの密度は、1 mL当たり10万～1000万細胞程度である。この密度を調べるには、湖水を採り、それにDAPIなどの蛍光試薬を加えて細胞内のDNAを染色する。次に、その液を細かい穴（直径0.2 μm）を持つフィルターでろ過し、フィルター上に残った、染色された細胞を蛍光顕微鏡で見ると、DNAの部分が光って見える。その光っている箇所を数えることで、バクテリアの個体数を知ることができる。

　植物プランクトンは陸上の植物と同様に、太陽の光を得て光合成を行って増殖している。緑藻、珪藻、藍藻（シアノバクテリア）などの種類があり、すべてが単細胞生物で、一つの細胞の大きさは数 μm程度と小さい。しかし、細胞どうしがくっついて大きな塊（群体）をつくるものも多い（図2-2）。群体はきれいな幾何学模様をつくるものもあるが、水質汚濁の進んだ湖で優占するミクロキスティスという藍藻のように、多くの細胞がゼ

第一部　川と湖を見る・知る・探る

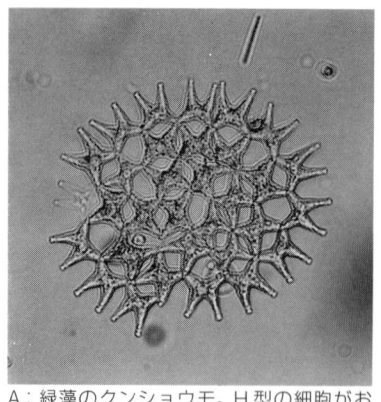

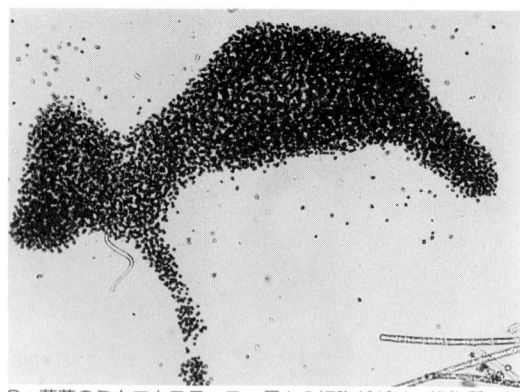

A：緑藻のクンショウモ。H型の細胞がお互いに付いている。群体の大きさはおよそ0.1mm

B：藍藻のミクロキスティス。個々の細胞がゼリー状物質に包まれている（細胞の直径は約0.005mm）

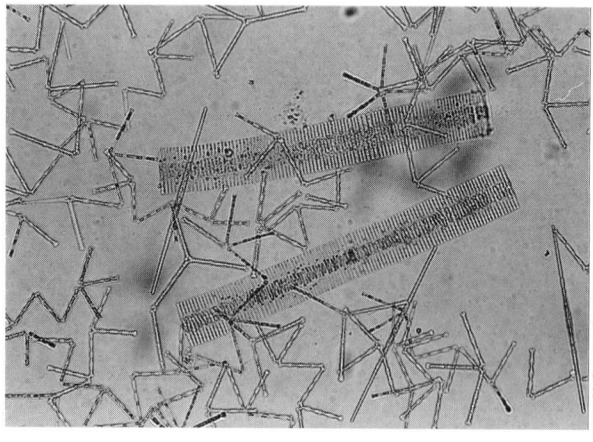

C：珪藻のホシガタケイソウ（細長い細胞が1点で他の細胞と付いている。多くの細胞が1点で付いて、星のような形になることもある。細胞の長さは0.08mm程度）と、オビケイソウ（ホシガタケイソウよりも小さな棒状細胞が並んで付いていて、帯のように見える。一つの細胞の長さは0.05mm程度）

▲図2-2　湖で見られる植物プランクトン。写真撮影：荒河尚

リー状物質に包まれた群体をつくるものもある。この場合、群体の形は不定形となり、その大きさは時として1mmを超えることがある。こうなると、肉眼でも群体を見ることができる。植物プランクトンの湖水中密度は、1mL当たりおよそ100〜100万細胞の範囲にある。富栄養湖（汚濁した湖）では密度が高い。その密度の測定は、一定量（例えば10mL）の湖水を採ってホルマリンやルゴール液などの固定液を加え、静置させた試験管に入れておく。その後、沈殿したものを取り出し、顕微鏡の下で、種ごとに細胞数を数えて湖水中の密度を算出する。

　動物プランクトンは、ゾウリムシなどの繊毛虫やキロモナスなどの鞭毛虫を含む原生動物（体長＜0.1mm）、ワムシ（体長0.1〜0.5mm）、甲殻類（ミジンコ、ケンミジン

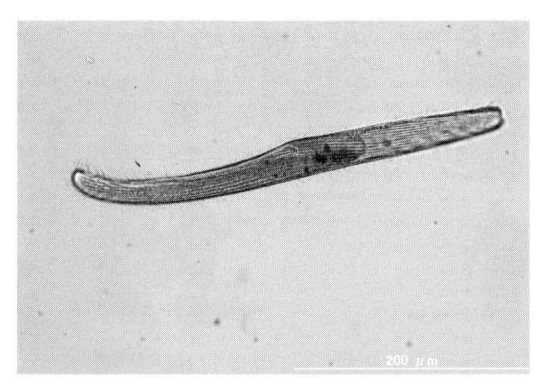

第 2 章　湖を見る・知る・探る

A：原生動物　繊毛虫の 1 種（体長約 0.4mm）

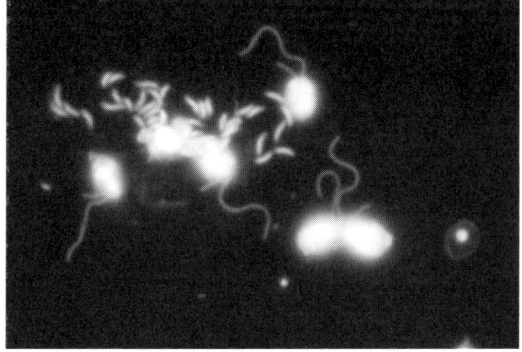

B：原生動物　鞭毛虫の 1 種（およそ 0.005mm）

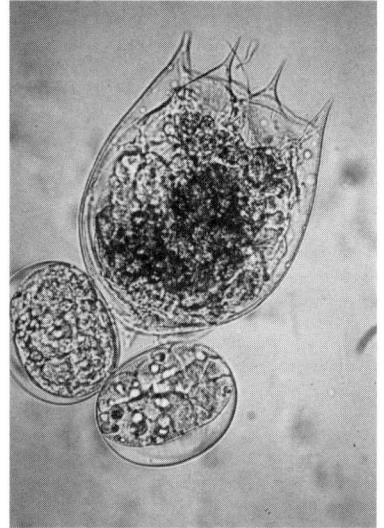

C：ツボワムシ（0.2mm）。体外に二つの卵を付けている

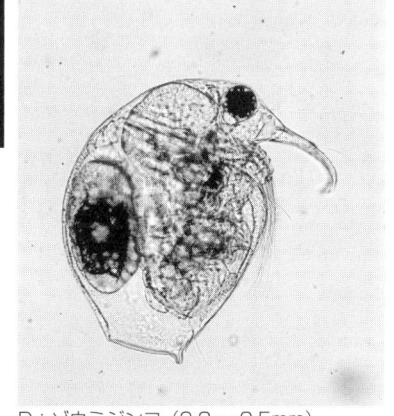

D：ゾウミジンコ（0.2 〜 0.5mm）

E：ヤマトヒゲナガケンミジンコ（〜 2mm）

▲図 2-3　湖に生息する動物プランクトン。写真撮影：高尾祥丈（A）、中野伸一（B）、伊澤智博（D）、著者（C、E）

第一部　川と湖を見る・知る・探る

コ：体長 0.2 〜 15 mm）に分けることができる（図 2-3）。

　原生動物は単細胞生物で、その密度は、湖水 1 mL 当たり 100 〜 10 万細胞になる。原生動物は水中の密度が高いので、採集ではネットなどでこし集める必要はない。植物プランクトンと同様に、湖水をそのまま容器に入れ、細胞を固定してから顕微鏡で観察する。ただし、固定にはホルマリンではなく、グルタールアルデヒドを用いる。なぜなら、ホルマリンで固定すると、細胞の形が崩れてしまうからだ。グルタールアルデヒドは細胞を壊さない。そして、容器の底に沈んだ細胞を、壊さないようにしながらスライドグラスに載せ、顕微鏡で種類ごとに個体数を数える。

　ワムシや甲殻類は多細胞生物で、湖水中の生息密度は、これまでのものよりもずっと少なくなる。ワムシの場合は、湖水 1 L 当たり 100 〜 数千個体であり、甲殻類は小型のものは最大 1 L 当たり 1000 個体、大型のものは最大で 1 L 当たり 100 個体ほどになる。これらは湖水を容器で採るだけでは解析に必要な十分な数の個体が採れないので、プランクトンネット（網目は 100 µm 程度）を鉛直に一定距離曳いて集め（図 2-4）、採れたものをホルマリンで固定する。特に富栄養湖では、小さなワムシが多いので、網目の粗

ネットを一定の水深まで下げ、それをゆっくりと曳き上げる。ネットの枠の面積に曳いた距離を掛けてろ過した湖水量を算出する

集めたプランクトンをポリびんに入れ、ホルマリンを加えて保存する

▲図 2-4　プランクトンネットを用いた動物プランクトン採集

第2章　湖を見る・知る・探る

ふたをフックに掛けて開けた採水器（写真は容量6Lのバンドーン採水器）を一定の水深に下ろし、ロープ伝いに錘を落としてフックを外し、ふたを閉める

その採水器を船上に上げ、採取した水を船上で柄付きのネット（網目40μm）でこしてプランクトンを集める

▲図2-5　小型の動物プランクトンの採集

いプランクトンネットを使うと網目から抜けてしまうことがある。そこで、一定の湖水（例えば、10Lほど）を採水器で採取し、その水を、船上で、網目40μmほどのネットでこして集める（図2-5）。集めた個体はホルマリンで固定し、顕微鏡下で種ごとに個体数を数える。

　昆虫類は地球上の動物群の中で最も種数の多いグループだが、プランクトンとして水中で生活している昆虫類は非常に少ない。湖や池で比較的よく見られる昆虫類に、フサカの幼虫（図2-6）がいる。フサカは双翅目（ハエ目）昆虫であり、成虫の姿は蚊に似るが、口がないので人を刺すことはない。この幼虫の湖水中の密度は、通常、湖水1L当たり1個体以下である。したがって、解析に必要な十分

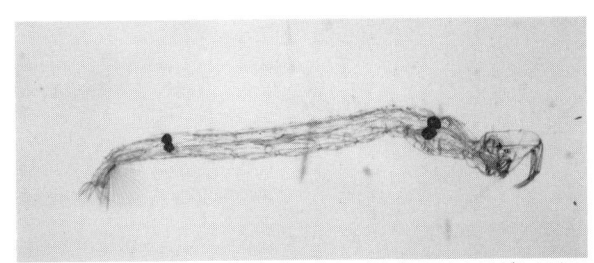

▲図2-6　フサカ幼虫。透明な体を持ち、近づいてきたミジンコやワムシを大きな顎で捕まえて飲み込む（〜10mm）

第一部　川と湖を見る・知る・探る

な個体数を得るには、プランクトンネットで鉛直曳きを行う。網目が細かいと、大型の植物プランクトンなどによって網目が詰まってしまうので、そうならないように粗い網目（例えば200μm）のネットを使うとよい。

　一口にプランクトンと言っても、グループによって大きさと湖水中の密度が大きく異なるので、採集方法、解析方法はそれぞれのグループごとに異なっているのだ。

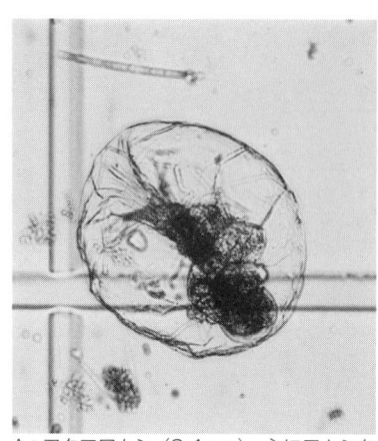

A：フクロワムシ（0.4mm）。主にワムシを飲み込むが、ときには小型のミジンコを腹の中に入れているものもいる

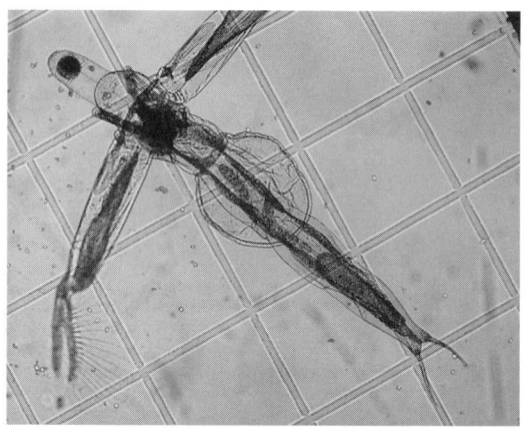

B：ノロ（〜10mm）。日本に生息する最大のミジンコ。胸の辺りに口があり、それを囲んでいる脚でワムシや小型ミジンコを捕まえて口に運ぶ。透明な体を持つが、写真の個体はホルマリンによって黒ずんでいる

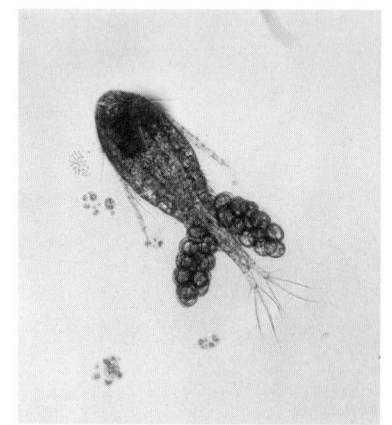

C：卵を入れた袋をぶら下げた雌のケンミジンコ（〜1mm）。水の震動で餌のワムシや小型ミジンコを見いだして食べる

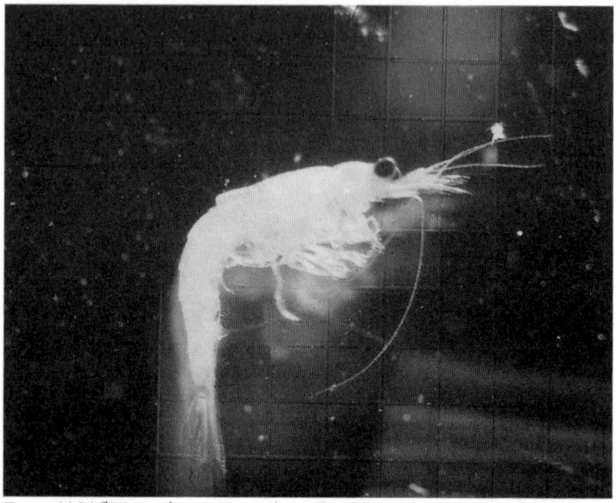

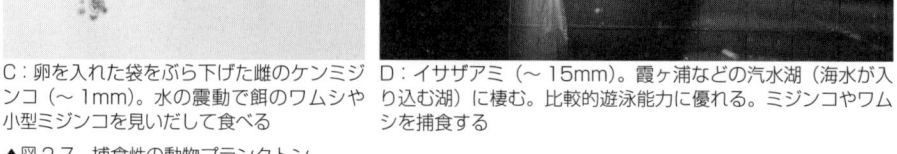

D：イサザアミ（〜15mm）。霞ヶ浦などの汽水湖（海水が入り込む湖）に棲む。比較的遊泳能力に優れる。ミジンコやワムシを捕食する

▲図2-7　捕食性の動物プランクトン

さて、これまで述べた動物たちはプランクトンと呼ばれている。ところが、彼らは水中をただ浮遊しているわけではなく、しっかりと泳いでいる。ただし、水の流れに逆らって泳ぐことができないため（遊泳力が乏しいため）、プランクトンとされているのである。そして、動物なので生物を食べて暮らしている。

原生動物は主にバクテリアプランクトンを食べている。ワムシやミジンコなどは植物プランクトンを主要な餌としているが、バクテリアや原生動物も食べている。また、ワムシや甲殻類の中には、他の動物プランクトン（ワムシやミジンコなど）を食べる捕食者も少なくない。例えば、大型のフクロワムシ、ミジンコの1種のノロ、ケンミジンコの仲間、イサザアミなどである（図2-7）。フサカ幼虫も捕食者で、ワムシやミジンコを食べている。

水中にはプランクトンの他に魚が棲んでいる。魚は高い遊泳力を持っているので、プランクトンという呼称に対して、ネクトンと呼ばれる。魚にはワカサギのように、動物プランクトンを食べているもの、コイやフナのように底に生息する動物を餌とするもの、ハクレンやコクレンのように大型の植物プランクトンをこし集めて食べるものがいる。またソウギョは水草を食べ、さらに、オオクチバスのようにほかの魚を食べるものもいる。このように、魚は種によって様々な食性を持つものがいる。しかし、稚魚の時期には、ほとんどの魚が動物プランクトンを食べている。したがって、湖の生態系の中で、動物プランクトンは、植物プランクトンが光合成によって得た太陽エネルギーを魚に受け渡す重要な役割を果たしていると言えるだろう。

湖の底にも生息している動物がいる。それをベントス（底生生物）と呼ぶ。主なものにユスリカの幼虫（図2-8）、イトミミズ、そして貝類がいる。

ユスリカはフサカと同じ双翅目（ハエ目）昆虫である。成虫は湖岸の樹木の近くで群がり蚊柱をつくる。そこで雄と雌が交尾をする。交尾を終えた雌は湖面に降りて透明なゼリー状の物質にくるまれた多くの卵（卵塊）を産む。すると、それは湖底に沈み、やがて幼虫が生まれ出る。幼虫は湖水中を沈殿してきた有機物を餌として成長し、終齢（4齢）にまで至ると変態して蛹となる。すると頭部に気泡をつくって浮力を得て、湖面へと昇っていく。湖面に達すると、蛹

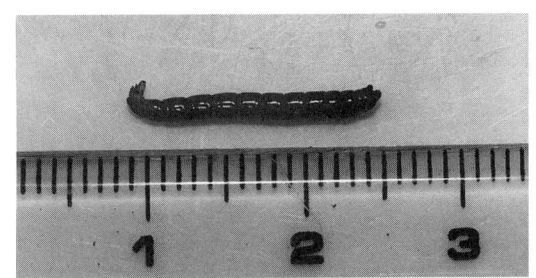

▲図2-8　アカムシユスリカの終齢（4齢）幼虫。この種は、富栄養化が著しく進んだ湖によく見られる。スケールの数字はcm。撮影：荒河尚

第一部 川と湖を見る・知る・探る

の背中が割れ、そこから成虫が現れる（羽化する）のである。成虫はすぐに湖岸に向かって飛び立ち、湖岸付近の草や樹木の上で休み、あるいはその近くで蚊柱をつくる。

　これらの底生生物を定量的に採集するには、船上から採泥器（図2-9）を湖底に下ろし、錘を落として採泥器のふたを閉める。これにより、湖底表面（およそ泥深10cm程度まで）の泥を採ることができる。採った泥は湖面で、こし袋に入れて泥を洗い落とす（図2-10）。すると、袋の中には底生生物が残る。

　また、沿岸域には水草が繁茂する。水草には様々な形態を持った種があるが、水深に応じて特徴的な種類が分布する。まず、最も岸寄りの浅いところでは、ヨシ、ヒメ

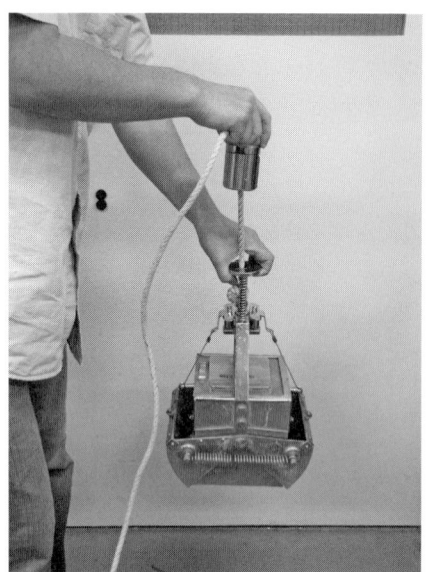

▲図2-9　底生生物採集に用いられる採泥器（写真はエクマン・バージ採泥器）。ふたを開けている状態。右手で抑えているのが錘。これを落とすとふたを開けているフックが外れてふたが閉まる

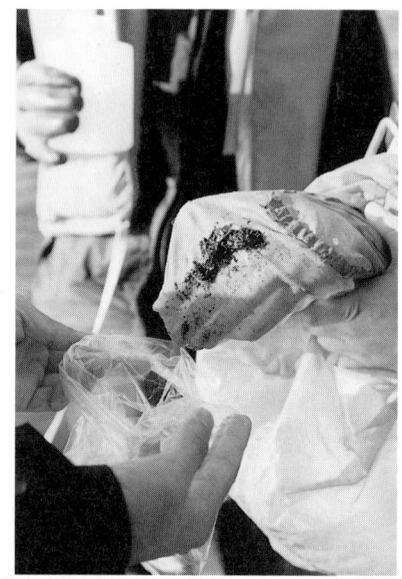

▲図2-10　湖底に下ろした採泥器がつかんできた泥を、船の縁でこし、袋の中にあけ（左）、袋の中で泥を洗い流すと、中からユスリカやイトミミズが現れる（右）

ガマ、マコモなどの抽水植物（挺水植物）が生える。これは、植物体が水面上にまで伸びて葉を展開するものである。その沖側には葉を水面に浮かばせる浮葉植物が分布する。日本の湖ではヒシやアサザがよく見られる。さらに沖側の水深が深いところになると、植物体全体が水中に沈んでいる沈水植物が生える。エビモ、ササバモ、センニンモ、クロモ、フサモなどが広く見られる種である（図2-11）。

　水草が繁茂すると、そこは様々な動物の生息場になる。トンボのヤゴやユスリカ幼虫などの水生昆虫、イトミミズ、そしてマルミジンコやシカクミジンコなどといった水草上で生活をするミジンコが容易に観察される（図2-12）。さらにタニシなどの貝類、そしてエビや稚魚もそこに集まる。これらの動物の多くは、水草上で増える付着藻類を餌としている。ただし、ヤゴ、エビや稚魚などは、ミジンコやイトミミズなどを食べる。すなわち、その動物たちは、餌場として水草帯を利用しているのである。また一方で、捕食者である魚からの隠れ場所として水草帯を利用しているものもいる。さらにまた、ヨシの穂先ではヨシキリが鳴き、その近くでは、雛鳥を従えたバンやカイツブリが人の気配を気にしながら泳いでいる。このように、水草帯には、多様な生物群集がつくられる。

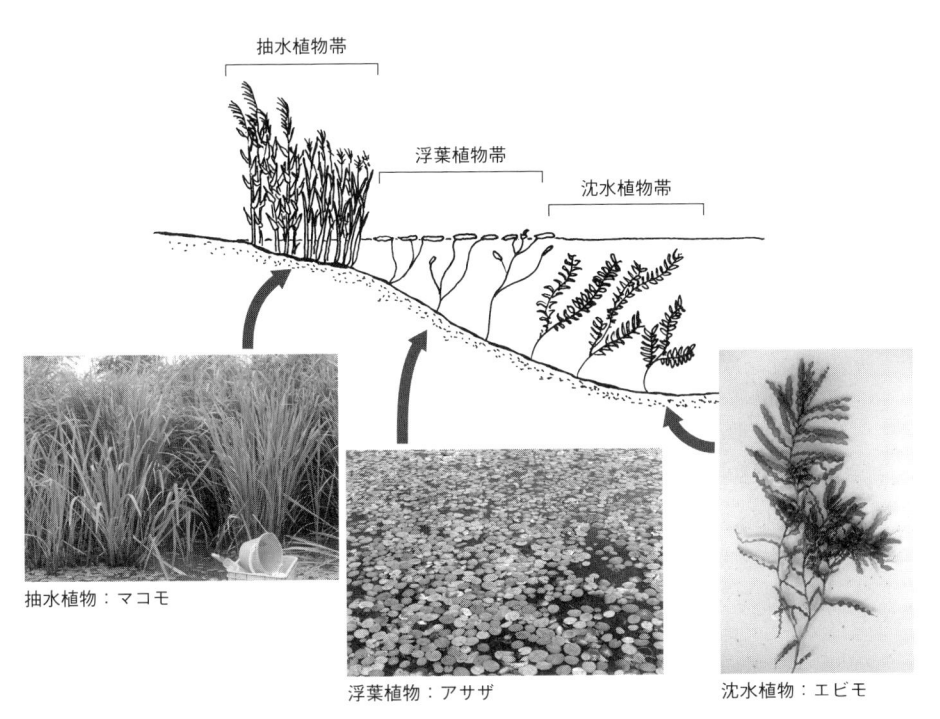

抽水植物：マコモ

浮葉植物：アサザ

沈水植物：エビモ

▲図2-11　湖岸につくられる典型的な水草群落の構造と、代表的な水草。アサザとエビモの撮影：荒河尚

第一部　川と湖を見る・知る・探る

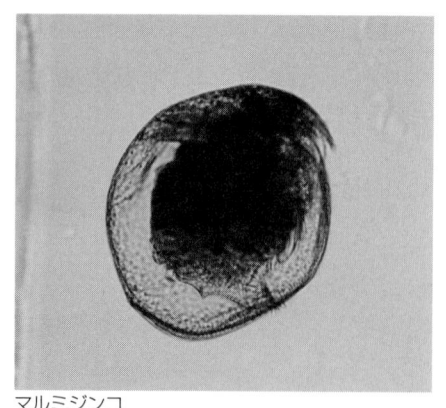

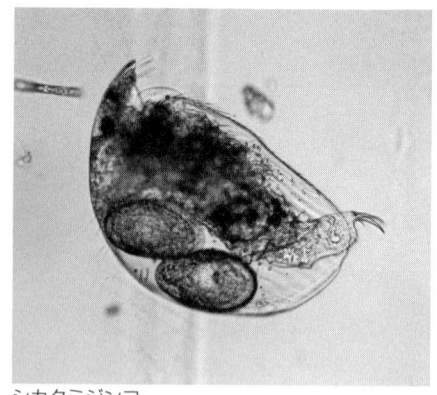

マルミジンコ　　　　　　　　　　シカクミジンコ

▲図 2-12　水草上に生息するミジンコ。どちらも体長はおよそ 0.5mm。撮影：佐久間昌孝

　湖の生物というと魚ばかりが注目されるが、実に様々な生物たちが湖の中で暮らしているのである。

湖の水質汚濁と窒素・リン

　今は多くの地域、場所で様々な環境問題が生じている。それは湖も例外ではない。湖の環境問題で最も深刻なものは水質汚濁である。
　この問題を抱えている湖では、水が緑色に濁り、ひどくなるとアオコが発生する。水を緑色に染める原因となっているものは植物プランクトンである。特に汚濁が進んだ湖では、藍藻が大発生する。植物プランクトンは水中に浮遊しているが、その多くのものは比重が水よりも少し大きいため、湖水中を次第に沈んでいく。ところが、藍藻は細胞の中に気泡を持つので、水面に浮くのである。この藍藻が増えると湖面に集積し、緑色の粉をまいたような状態になる。そのため、この現象をアオコ（青粉）と呼ぶようになった（図 2-13）。
　湖で水質汚濁問題が生じる主な原因は、植物プランクトンが増えることである。植物プランクトン（有機物）が増えれば、それを餌とする動物プランクトンが増えることになる。そして、動物プランクトンが増えれば魚が増える。これらの生物（有機物）が死ねばバクテリアに分解されて（すなわち腐って）水が臭くなる。増えた植物プランクトンや動物プランクトンが、捕食者に食べられた後に糞になって排出されても同じことだ。したがって、これらの有機物が増えることが、水質を悪化させる直接の要因なのである。
　ところで、湖の水質汚濁が話題になると、必ず窒素とリンという物質の名前が出てく

第 2 章　湖を見る・知る・探る

▲図 2-13　湖面を緑に覆うアオコ

る。これらは、湖の生態系を語る際に重要な物質なので、ここで説明しておこう。
　植物プランクトンは太陽エネルギーを用いて光合成をし、自らの体（有機物）をつくっている。これは、第 1 章 p.23 で紹介された川の付着藻類と同じだ。その際、無機物質を水中から取り込み、それを材料に有機物を合成しているのである。有機物を合成するのに最も多くの量を必要とする物質は炭素であるが、そのほかにも、酸素、水素、窒素、リン、マンガン、カルシウムなどなど、多くの物質が必要となる。植物プランクトンはこれらの物質を材料に光合成をしてどんどん増殖していくが（図 2-14）、そのうち、一部の物質が足りなくなって増えられなくなる。ここで不足する物質が、たいてい窒素やリンなのである。人間影響の少ない清冽な湖は、植物プランクトンが少ないところだ。なぜ少ないかというと、それは湖水中の窒素やリンの濃度が低いためである。この湖に、家庭や事業所からの排水が流れ込むようになるとどうなるか。その排水には多くの窒素やリンが入っているため、植物プランクトンは足りなかった窒素やリンを得て盛んに増殖し始め、湖水を濁らせることになる。その結果、水質汚濁問題が生じるのである。
　したがって、水質汚濁問題を解決するためには、湖に流入する生活排水や産業排水の

55

第一部　川と湖を見る・知る・探る

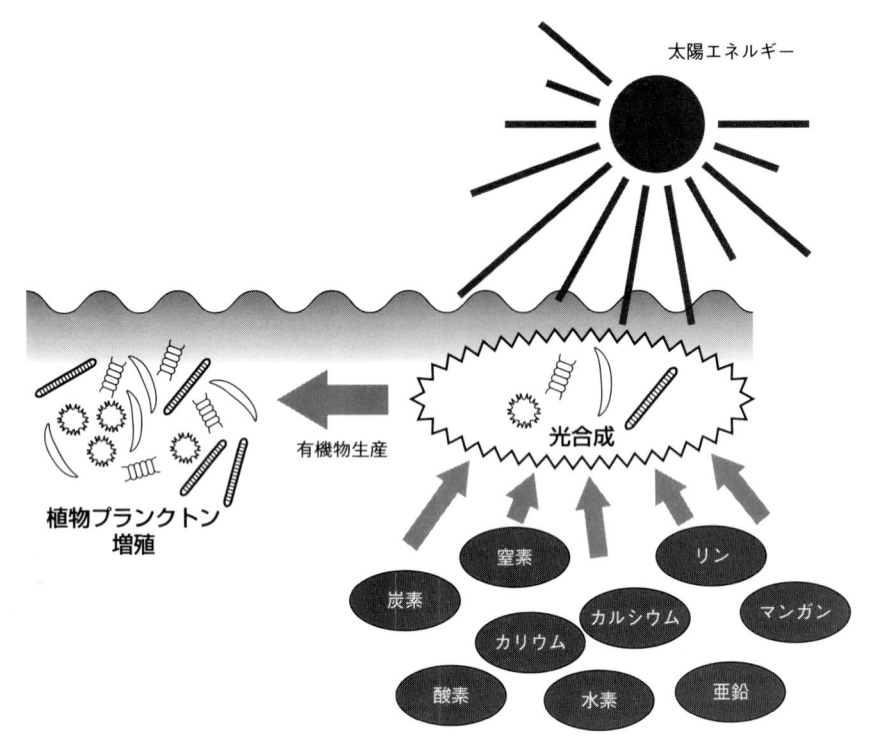

▲図 2-14　湖水中から様々な無機物質を取り込んで光合成をする植物プランクトン

量を減らすことが必要となる。そのため、下水道を普及させて排水を集め、それを下水処理場で処理しているのである。

　汚れた湖では水が濁っている。すなわち、透明度が低い。この透明度を決めているのは、ほとんどの場合、植物プランクトンの量である。植物プランクトンは、太陽光の一部を光合成のために吸収し、ほかの光はよく反射する。そのために、湖水中への光の透過を妨げる。その結果、植物プランクトンが増えると湖水が濁ることになる。植物プランクトンの量の指標として、水中のクロロフィル（葉緑素）の濃度が測られる。クロロフィルは光合成に必要な色素で、植物だけが持っているものである。したがって、一定量の湖水の中のクロロフィル濃度を測定すると、植物プランクトンの量を推定することができる。図 2-15 に、諏訪湖で測られたクロロフィル濃度と透明度の関係を示す。この図を見ると、クロロフィル濃度が高いときには透明度が低いことが明らかである。このことから、植物プランクトンが湖水を濁らせる要因であることがわかるだろう。

　逆の言い方をすると、湖の水質汚濁の程度（植物プランクトンの量）を知るには、透

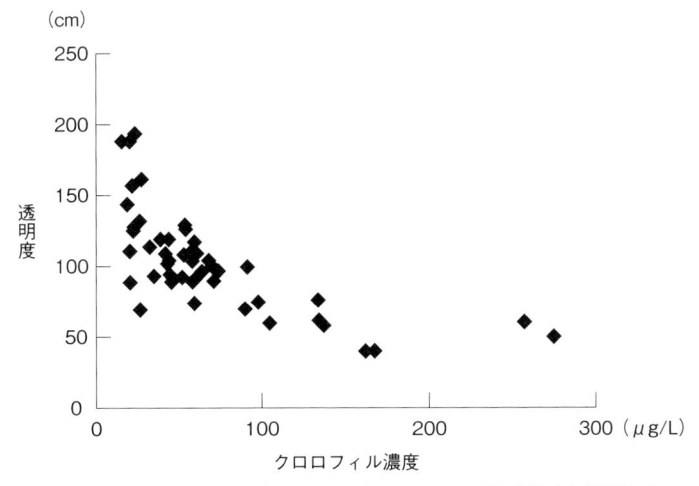

▲図2-15 諏訪湖の1982年と1983年の3〜12月に測られた透明度とクロロフィル濃度の関係。沖野・花里（1997）に基づき作図

　明度を測定することが有効であることになる。透明度は誰でも簡単に測ることができる。通常の透明度の測定では、ロープで平らになるようにつり下げられた直径30cmの白い円盤を使う（図2-16）。その円盤をゆっくりと水中に沈め、見えなくなったところの円盤の深さを測定する。この値が透明度である。

　透明度板は自分でつくることができる。図2-16に示したように、白いプラスチック製の皿の3箇所に穴を開けてロープを通して結び、皿が水平になるようにすればできあがりである。水中で皿が沈みにくかったら、皿の下に錘を付けると良い。皿の直径は30cmでなくても構わない。ただし、透明度が10mを超えるような湖では、それだけ深いところにまで皿を下げることになる。すると、小さな皿は見えにくくなるので、好ましくない。

▲図2-16 白い透明度板（直径30cm）を用いた透明度測定

　この透明度板を用いて、一つの湖の透明度を毎月測ると、湖の表層の植物プランク

ン量が季節によって変動している様子を知ることができるだろう。また、様々な湖や池の透明度を測り、それぞれを比較してみるのもおもしろいだろう。

季節で変わる湖水の動き

　湖の生態系を理解するのに知っておかなければならない重要なことがある。それは水の動きである。

　湖は窪地に水が溜まったところなので、単純な構造を持ち、そこの環境も単純であると思われているかもしれない。ところが、実際は決して単純なところではないのだ。

　水は温度に応じて密度を変える。温かいと密度が小さく軽くなり、冷たくなると重くなる。ところが、それは水温が4℃までの話で、それより温度が下がると逆に軽くなる。さらに、0℃にまで水温が下がると氷（固体）になって軽くなり、水面に浮く。この水の性質によって、湖の環境は季節的に大きく変わることになる。

　夏、湖水は照りつける太陽によって温められる。しかし温められるのは表層の水であり、深層には太陽エネルギーは届かない。水温が高くなった表層の水は軽くなり、そのまま表層に留まることになる。一方、温められない深層の水は冷たくて重く、そのまま深層によどむ。表層の水は湖面を吹く風によって頻繁に撹拌されるが、その影響は深層にまでは及ばない。その結果、風の撹拌によって均一になった表層の水と、撹拌されなかった深層の重い水が分離することになる。このとき、温かい層を「表水層」と呼び、冷たい層を「深水層」と呼ぶ。ただし、表水層と深水層の境のところには、水深に応じて水温が急速に変化する層がつくられる。この層を「水温躍層」と呼んでいる。そして、このように湖水が層に分かれることを「成層」と言い、湖水中に成層構造がつくられて

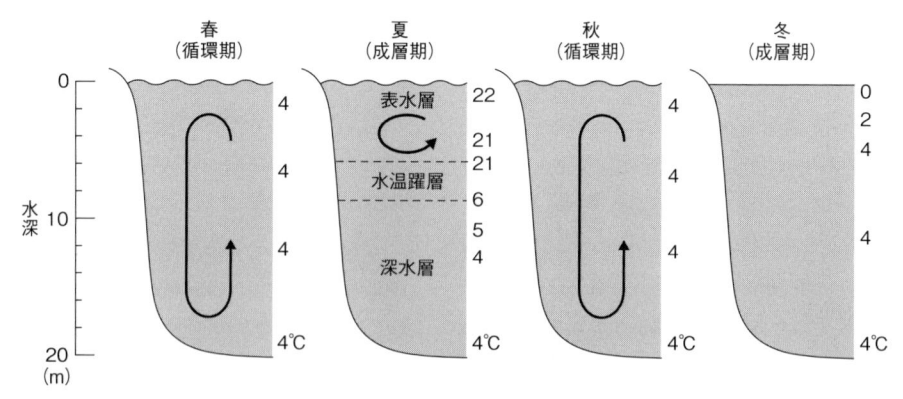

▲図2-17　アメリカにある最大水深が20mの湖における成層構造の季節変化。Welch（1952）より改変。温度は各水深の水温を示す

いる時期を成層期と呼ぶ（図2-17）。

　秋になり太陽光が弱まると、表層の水温が下がり始める。そして、ついには深水層の温度と変わらなくなる。すると、湖水は表面から湖底まで均一の密度を持つようになる。そうなると、このときに湖面を風が吹くと、湖内全体の水がゆっくりとではあるが循環し、均一な環境がつくられることになる。この時期を循環期と呼ぶ（図2-17）。

　冬になって、さらに水温が下がって表面の水温が4℃以下になると水は軽くなるため表層に留まり、一方、湖底の近くには4℃の重たい水が留まることになる（図2-17）。この場合は、夏とは逆に、深水層の水よりも表水層の水のほうが低温となる。そこで、この成層構造は逆成層と呼ばれる。そして、気温が一段と下がり、湖面を氷が覆うようになると、湖水に風の影響が及ばなくなるため、この成層構造は安定して存在することになる。

　冬が去って春になると、太陽の光が次第に強くなって湖面の氷が溶ける。そして表水層の水温が上昇を始めて4℃に達すると、深水層の水温と等しくなり、再び湖水全体が混ざる循環期となるのである（図2-17）。

　このような1年を通した水の動きは、湖に生息している生物たちに大きな影響を与える。そこで、湖の中の環境と生物群集の様子を、季節を追って観察してみよう。

2　春〜生物活動が活発になるとき

湖が濁るのは珪藻のしわざ

　窒素やリンが植物プランクトンにとって重要な物質であることは先に述べたが、これらの物質は、植物だけでなくすべての生物で欠かせないものである。なぜなら、窒素はタンパク質をつくる主要な元素であり、リンは遺伝子に不可欠のもので、またエネルギー代謝で重要な役割を担う物質でもある。したがって、これらの物質はすべての生物の体内に含まれている。

　ところで、湖で増殖した生物個体は、最後には死ぬ。すると、その死体は湖底に沈むことになる。捕食者に食べられて糞となっても同じだ。湖底に沈んだ生物体(有機物)は、そこでバクテリアによって分解される。その際、体の中にあった窒素やリンの多くが無機物質に戻り、湖底に留まることになる。

　湖では、春になると日に日に強くなる日差しを受けて水温が上がり、表水層と深水層の水温が等しくなって循環期となる。すると、湖面を風が吹くと、湖水が表層から底層まで動く。水深が100 mを超える深い湖でも同じである。そうなると、湖底に溜まっ

第一部　川と湖を見る・知る・探る

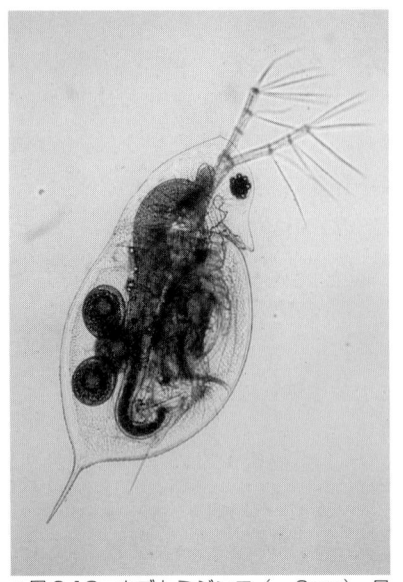

▲図2-18　カブトミジンコ（〜2mm）。日本の湖で代表的なダフニア属ミジンコ。背中側の育房の中に三つの卵が入っている

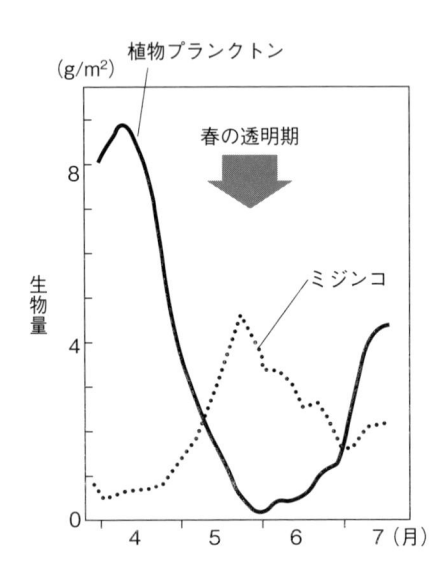

ていた窒素やリンが表層にまで持ち上げられることになる。この時期、日本の北部なら4〜5月頃、すでに春分を過ぎて太陽の日差しはかなり強くなっている。水温はまだ低いが、低水温に適応し、増殖速度の速い小型の植物プランクトン（特に珪藻類）が、表層に供給された十分な栄養（窒素とリン）と強い日差しを受けて盛んに増殖する。すると、増えた植物プランクトンによって湖水の透明度が低下する。多くの湖では、春に茶色く濁ることが多い。その様子を見ると、その濁りは川から流れ込んだ土砂によってつくられたと考える人がいるのではないだろうか。実は、この水の茶色は、増殖した珪藻の色なのだ。

やがて水は澄み、次は緑色に濁る

　ところが、湖水が茶色く濁る状態は長くは続かない。しばらくすると水が澄んでくる。しかし、この状態も長くは続かず、2〜3週間もすると再び湖水は濁り始める。ところが、今度は茶色ではなく緑色に濁るようになる。これは緑藻や藍藻などが増えたためである。

　春の短期間に湖水の透明度が高くなる現象は、昔からよく知られていた。そして、この現象が見られる時期を、湖沼学者は「春の透明期」を呼んでいた。研究が進むにつれ、この透明期にはミジンコ、特に大型ミジンコ

◀図2-19　ドイツ北部のプルス湖で観察された、春の透明期前後の植物プランクトン量とダフニア属ミジンコの生物量（乾燥重量）の変化。Lampert（1988）より再作図。4月に増えた植物プランクトンが、5月に増えたミジンコに食べられて現存量を減らし、春の透明期が現れた。その後、ミジンコの減少とともに植物プランクトンが増え、湖水の透明度が大きく低下した

第2章　湖を見る・知る・探る

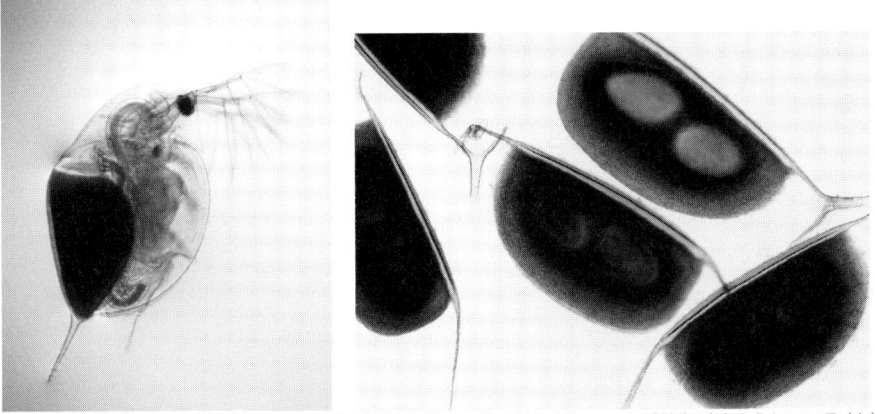

▲図 2-20　ダフニア属ミジンコが持つ黒い休眠卵（左）。黒い鞘の中に二つの受精卵が納められている（右）。
撮影：高橋宏和

のダフニアの仲間（図 2-18）が大きく関わっていることがわかってきた。

　そのストーリーはこうだ（図 2-19）。

　春になると、珪藻が急速に増殖して湖水は濁る。このときに植物プランクトンを主な餌とするミジンコは、まだ休眠卵（耐久卵）として湖底で眠っている。この休眠卵の多くは秋につくられた。日中の時間が短くなり水温が下がってくると、ミジンコは固い殻に包まれた休眠卵を産む（図 2-20）。その卵は湖底に沈み、活性を抑え、そこで冬の厳しい環境を耐え抜くのである。そして、春になって環境が好転すると、休眠卵からミジンコの雌個体が生まれ出る。すると、そのときには、水中でミジンコの餌となる小型の珪藻が増えている。そこで、ミジンコはその珪藻を食べ、単為生殖（雌だけで生殖を行うこと）を繰り返しながら個体数を急速に増すのである。そして、そのうちにミジンコ個体群の植物プランクトンを食べる速度が珪藻の増殖速度を上回るようになり、珪藻が大きく減少する。その結果、湖水の透明度が上がり、春の透明期が現れるのである。

　ところが、ミジンコが小型の珪藻を食い尽くすと、今度はミジンコ自身が餌不足になり、大きくなった個体群が縮小し始める。それとともに、植物プランクトン群集では、大型の（群体をつくる）藍藻などが優占するようになる。これらの植物プランクトンはミジンコにとっては食べにくいので、ミジンコはますます餌不足となって減少するのである。このとき増えた植物プランクトンは、湖の透明度を下げ、春の透明期が終わる。

第一部　川と湖を見る・知る・探る

動物プランクトンや水草にも変化が

　春はまた、多くの魚にとっての産卵の季節である。そして、産み出された卵から孵化した小さな仔魚が現れ、成長を始める。孵化直後の仔魚は口が開かず、母親からもらった卵黄に含まれている栄養を使って成長する。その後、口が完成すると餌を食べ始める。初めは口が小さいので、ワムシなどの小さな動物プランクトンを食べる。そのうち、体の成長とともに口径が大きくなり、餌の対象生物は小型ミジンコになり、そしてついには大型のダフニアを好んで食べるようになる。すると、ダフニアは栄養価が高いので、魚の成長は加速する。このころ、湖では春の透明期が終わろうとしている。すると、餌不足で減少し始めたダフニアは、魚に捕食されるようになる。その結果、ダフニアはさらに個体数を減らすことになり、湖で姿を見るのが難しくなる。すると、動物プランクトン群集では、体が大きくなった魚には食べにくい小型のゾウミジンコやワムシ（図2-3参照）が優占するようになる。すなわち、動物プランクトン群集の種組成が大きく変わるのである。そして、季節は夏へと向かっていく。

　ここまでは沖の水中の様子を述べてきたが、春は沿岸でも大きな変化が生じる季節である。その変化を起こすのは水草である。水草は根や種子、また殖芽（新しい個体をつくるために、植物体の一部が形態的・生理的に変化したもの。種子に似る）で越冬し、春になって日射量が増えると芽生え、成長を始める。先に述べたように、岸から沖に向けて、抽水植物帯、浮葉植物帯、沈水植物帯がつくられ、そこに様々な生物が生息するようになる。これにより、沿岸域には沖帯とは大きく異なる生物群集が形成される。

3　夏〜不均一な環境がつくられる季節

陸上と違い、湖では春より生産量が落ちる

　夏になると表水層の水温が上昇する一方で、深層水には冷たい水が残る。長野県にある木崎湖は湖面積1.41 km^2、最大水深29.5 mの比較的小さな湖である。山間の標高764 mの地にあり、冬には氷に覆われる。この湖では、図2-17に示された典型的な水温構造の季節変化が見られる。表水層では7月下旬に水温が最も高くなり、およそ25℃に達するが、そのとき、湖底近くの水深28 mでは5℃ほどであった（図2-21）。

　植物プランクトンの多くは比重が水よりも少し大きいので、次第に沈降していく。その植物プランクトンが水中に長い間留まっていられるのは、風による湖水の攪拌があるからである。風の影響を受けやすい表水層は強い太陽光を受けるところでもあり、植物プランクトンはそこで盛んに増殖している。しかし、その植物プランクトンが少しずつ

でも沈んでいき、深水層に達すると、そこは風の影響が及ばずに、水が動かない世界である。そうなると、植物プランクトンは沈降する一方となる。また、深水層は深いところにあるために、太陽光はほとんど届かない。すると植物プランクトンは増殖ができず、死んで湖底に堆積することになる。

　深水層とは対照的に、温かく明るい表水層では、植物プランクトンが盛んに増殖するが、そのうちに水中の窒素やリンが枯渇してくる。植物プランクトンが体内に取り込んだ窒素やリンは、食物連鎖を介して動物体内にも蓄えられるが、それらが糞や死体となって深水層に沈んでしまうと、その分、表水層から窒素やリンが失われることになる。そうなると、いくら水温が高く太陽光を浴びることができても、植物プランクトンの増殖は抑えられてしまう。したがって、夏は必ずしも植物プランクトンの生産量が高い季節とは限らないのだ。むしろ、生産量は春よりも少なくなることが多い。これは陸上の生態系と大きく異なる点である。陸上では、春よりも夏のほうが植物の生産量が高い。そして、植物の生産量に依存している動物たちの活動も活発になるのである。

　ただし、夏でも集水域（そこに降った雨が川などを通して湖に流れ込む地域）から窒素やリンが湖に供給されると話は別だ。水温、光、栄養塩濃度の好条件が揃うと、植物プランクトンは活発に増殖するようになる。特に、窒素やリンを高濃度で含む、家庭や工場の排水や農地からの流出水が湖に流れ込むと、藍藻が大発生する。そうなると、湖面では藍藻がつくるカビ臭が漂い、アオコが発生するようになるのである。

湖面と湖底で大きく異なる環境

　湖が富栄養化すると（湖水中の窒素とリンの濃度が高くなると）、温かい表水層では、増えた植物プランクトンによる光合成で盛んに酸素がつくられ、溶存酸素濃度が高くなる。その濃度は飽和酸素濃度を超えることがある。また、水中の二酸化炭素が植物プランクトンに吸収される。それにより、水中の炭酸、炭酸水素イオン、炭酸イオンのバランスが変わって、水素イオン濃度が低下してpHが上がる。富栄養湖ではpHが9を超えることもある。一方、深水層では、表水層で生産された多くの有機物が湖底に堆積し、それが湖底で分解することになる。その際、バクテリアの呼吸によって水中の酸素が消費され、深水層の酸素濃度が低くなる。時には水中の酸素が完全になくなることもある。また、その呼吸によって二酸化炭素が排出されるので、水中のpHが低下する。その値は7を大きく下回ることもある。このような生物の活動の結果、温かくて酸素濃度とpHが高い表水層と、冷たくて酸素濃度とpHが低い深水層という、環境が著しく異なる二つの層がつくられることになるのである。

第一部　川と湖を見る・知る・探る

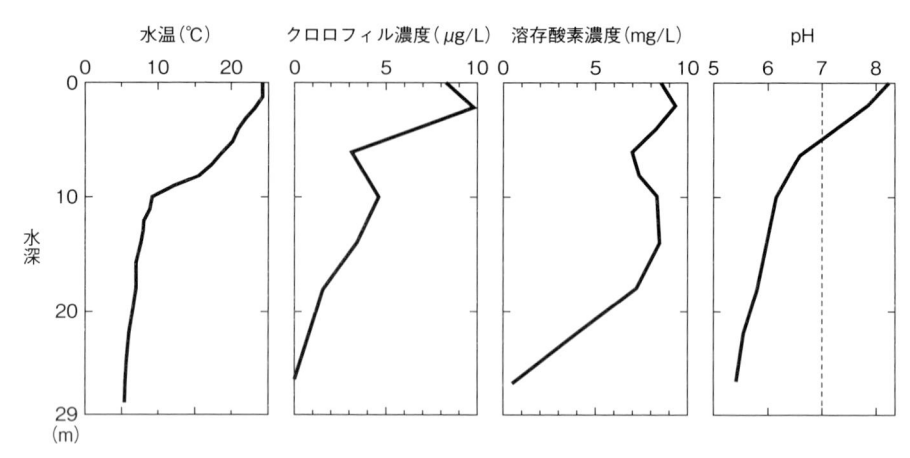

▲図2-21　1982年夏の長野県木崎湖（最大水深29m）における水温、溶存酸素濃度、pH、クロロフィル濃度の鉛直分布。山本・戸田・林（2004）より作図

　その様子が木崎湖でも見られる（図2-21）。
　昔の木崎湖は澄んだ水を湛えており、1900年初期の頃には10mに達する透明度を記録していた。しかし、1960年代から徐々に富栄養化が進み、1980年代初頭には透明度が2〜4m程度にまで下がった。図2-21は、その時（1982年）の湖内環境を示している。
　この湖では、植物プランクトンは表層に多く分布していた。そのことは、図2-21のクロロフィルの濃度の鉛直分布を見るとわかる。なぜなら、クロロフィル濃度は植物プランクトンの量を指標するからである。このとき表層は水温が25℃近くと温かで、さらに太陽光が降り注いでいたので、表層の植物プランクトンは盛んに光合成を行っていた。その結果、表層（水深0m）の溶存酸素濃度は8.74 mg/Lに達した。この濃度は、飽和酸素濃度の118%に値する。すなわち、過飽和状態にあったと言える。一方で、水深22mの溶存酸素濃度は3.65 mg/Lで、水深26mでは0.44 mg/Lにまで低下した。多くの魚は酸素欠乏に弱く、溶存酸素濃度が3 mg/Lを下ると生きてはいけない。したがって、この湖では、夏の間、湖底近くには魚の棲めない場所がつくられていたことになる。このような貧酸素層が、湖底に貝が生息している湖につくられると、魚のようにその場から逃げられない貝は、湖から姿を消すことになる。
　pHもまた、表層と底層で大きく異なっていた。その値は表層で8を超え、アルカリ性になっていた。これは、先に述べた植物プランクトンによる光合成の影響と考えられる。一方、酸素の少ない水深26mではpH5.42と比較的強い酸性を示していた。

このように、湖では夏に鉛直方向の極めて不均一な環境がつくられる。ところが、その環境を巧みに利用する生物がいる。ミジンコのダフニアである。ダフニア仲間の多くの種では、昼は暗く冷たい深水層にいて、夜になると温かい表水層に移動していることが知られている。この行動は日周鉛直移動と呼ばれている。

ミジンコは1日のうちで浮いたり沈んだり

図2-22に、木崎湖に棲んでいるダフニア属のカブトミジンコの、ある夏の日の昼と夜の湖内分布を示す。これを見ると、夜には、成体の多くが水深8mのところに集まっていたことがわかる。ところが、昼になると、8mの水深にいる成体の密度が低下して、湖底近くの水深26〜27.5mに著しく高い密度が観察された。したがって、カブトミジンコの成体は、1日のうちに、湖底近くと水深8mの間を行ったり来たりしていたのだ。ちなみに、この時、水温は水深8mで15.1℃、26mでは5.8℃であった。ミジンコは、1日のうちに10℃も異なる温度を経験していたことになる。

ミジンコはなぜこのような行動をとっているのだろうか。

実は、それには魚の存在が強く関わっている。魚は明るい表水層に分布し、視覚で餌

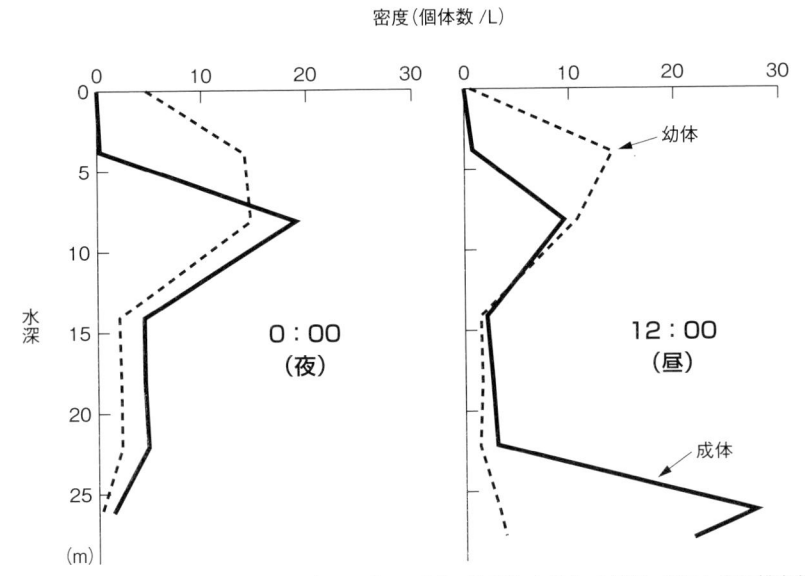

▲図2-22　夏の木崎湖におけるカブトミジンコ成体（実線）と幼体（点線）の昼と夜の鉛直分布。ミジンコの採集は、水深0、4、8、14、18、22、26、27.5mで行った。Hanazato, Sambo, Hayashi (1997) より再作図

のミジンコを捉えて捕食する。そこで、ダフニアはそれを避けて魚が餌を見つけにくい暗い深水層に降りるのである。ところが、深水層にはダフニアの餌である植物プランクトンが少ない。また、酸素も不足気味だ。そのため、そこは決してダフニアにとって居心地の良い場所ではない。そこで、表水層での魚の活動が収まる夜になって、ダフニアは表水層に昇り、昼間太陽光を浴びて盛んに増殖した植物プランクトンを食べるのである。

ミジンコ幼体は表水層から動かない

　図2-22から、もう一つおもしろいことがわかる。それはミジンコの幼体の行動だ。幼体は成体と異なり、昼も夜も水深4〜8mの所に生息していた。つまり、日周鉛直移動は行っていなかったのだ。幼体のこの行動は次のように説明できる。幼体は、体が成体よりもずっと小さいので、魚に見つかりにくい。すると、昼に暗い湖底に逃げ込む必要がない。その一方で、幼体は成体よりも餌不足（飢餓）に弱い。そのため、植物プランクトンが多くいて活発に増殖している表水層に留まっている必要があったのである。

　ミジンコは、体の大きさ、餌の量、そして捕食者の存在に応じて、巧みに分布する水深を変えていたのだ。

魚の捕食から逃れるための日周鉛直移動

　ところで、日周鉛直移動を行うのはダフニアばかりではない。捕食性動物プランクトン、双翅目昆虫フサカの幼虫、アミ、ノロ、ケンミジンコなど（図2-6、図2-7）も同様の行動をとっている。これらの動物プランクトンは、皆、大型種であり、魚の標的になりやすい生物たちだ。したがって、魚の捕食から逃れるためのこの行動は、多くの大型動物プランクトンが魚に対して共通に持つ戦術と言えそうだ。一方で、魚には食べられにくい小型の動物プランクトン、例えば様々なワムシ種やゾウミジンコ（図2-3）は、顕著な鉛直移動を行わず、1日中表水層におり、表水層の動物プランクトン群集の優占種となる。これは、木崎湖のカブトミジンコの幼体と同じである。このことから、湖水中の様々な動物プランクトンに対して、魚が大きな影響を与えていることがわかる。

夏に頭を尖らせるミジンコ

　ところで、ダフニアの仲間には、季節的に頭部の形態を変えるものがいる。例えば、ヨーロッパの湖沼に生息するダフニア・キュキュラータは、春には頭をわずかに尖らせ、短い殻刺（しっぽのような刺）を持っているが、夏になると頭部の尖りが大きくなり、また殻刺が長く伸びる。そして、秋になると再び春の形態に戻る（図2-23）。このよう

第2章 湖を見る・知る・探る

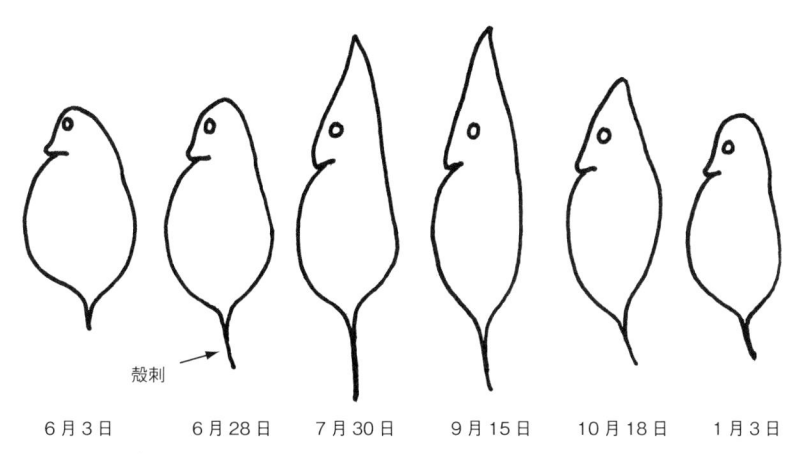

殻刺

| 6月3日 | 6月28日 | 7月30日 | 9月15日 | 10月18日 | 1月3日 |

▲図2-23 ダフニア・キュキュラータの形態輪廻。Wolterek (1909) より再作図

な季節に応じた形態変化を「形態輪廻」と呼んでいる。実は、この形態変化もまた、捕食者に食われないようにするためのミジンコの戦術なのである。この場合の捕食者は魚ではなく、フサカ幼虫である。魚に比べてはるかに体の小さなフサカ幼虫は、魚のように大型ミジンコを丸飲みできない。そこで、体の小さなダフニアの幼体を餌とする。

一方、フサカ幼虫の標的となるダフニアの幼体にとっては、食われないようにするには体を大きくするほうが良い。そこで、頭を尖らすようになったと説明できる。実際、頭を高く尖らせたミジンコは、フサカ幼虫に食われにくくなることが実験的に確かめられた。日本の湖に生息するダフニア属のカブトミジンコやマギレミジンコでも、形態輪廻が観察されている。これらのミジンコでは、フサカ幼虫が個体数を増やし活動が活発になる夏に、幼虫が水中に放出する情報化学物質（いわば匂い）を察知して形態を変化させることがわかっている。

フサカ幼虫などの無脊椎捕食者（魚などの脊椎動物ではない、無脊椎動物の捕食性生物）の多くは、ダフニアの幼体のほか、ワムシ、ゾウミジンコなどの小型動物プランクトンを主要な餌としている。

魚や水草たちの夏

魚の分布も湖水の成層に伴って変わることがある。温かい水を好む魚は表水層に分布することが多いが、主にサケ科魚類のように冷水（20℃以下、種によっては15℃以下）を好む魚は、夏の表水層の水温が生息限界範囲を超えて高くなる地域では、夏の間は冷たい深水層に分布するようになる。ただし、もしその湖の水が汚濁して深水層全体の酸

素濃度が低く（＜3 mg/L）なると、冷水魚は生息場を失って大量死することがある。

ここまでは沖帯の生物群集に注目してきたが、目を沿岸域に移すと、そこには夏になって水草が勢力を伸ばしており、ヨシやマコモなどの抽水植物が生い茂るようになる。その先では丸い葉を持つ浮葉植物のアサザが黄色い花を咲かせる。また、さらに沖側ではササバモやクロモなどの沈水植物が成長し、水面近くにまで穂を伸ばすようになる。

4　秋〜冬ごもりの準備をする生物たち

再び循環期へ

　夏が過ぎ、陸上の木々が色づき始めると、湖の表水層の水温が低下し、植物プランクトンの優占種が低温に適応した珪藻に替わるようになる。ところが、夏につくられた成層構造はすぐには崩れない。そのため、湖底からの栄養塩の供給はない。その一方で、日射量が日に日に減るため、植物プランクトンの生産量は減少していく。そして、ようやく晩秋になり、初夏から続いた成層期が終わり、循環期が訪れる。このとき、酸素不足になっていた湖底に酸素が運ばれることになる。成層期には、深水層への酸素供給が途絶えているので、そこでの溶存酸素濃度は時間の経過とともに低下していた。そのため、深水層の酸素不足がピークになるのは盛夏ではなく、成層構造が崩れる直前、つまり秋の循環期が訪れる直前ということになる。すると、湖底に生息し、酸素不足を嫌う貝類にとっては、盛夏よりも秋のほうが厳しい環境となるのである。

　ところが、湖水が循環するようになると、湖底に酸素が運ばれ、湖底の環境は一変する。春と同様に、湖底に溜まっていた窒素やリンが表層に持ち上げられ、栄養塩不足で増殖が抑えられていた植物プランクトンが増え始める。しかしながら、このときの植物プランクトンの増殖は、春の循環期ほど活発ではない。なぜなら、春の循環期は春分の後で日射量がかなり多いが、秋の循環期の訪れは秋分を過ぎて日射量がかなり少なくなっているときである。そのため、後者では、植物プランクトンは栄養塩を得ることができるが、日射量が足りないために活発に増殖することができないのである。

厳しい環境を生き抜くための休眠卵

　秋は水温の低下で魚の活動が鈍り、動物プランクトンに対する魚の捕食圧が低下する。そのため、ダフニアが現存量を増やすことがあるが、それもさらなる水温の低下で植物プランクトンの増殖速度が落ち、最後にはダフニアも減少してしまう。そうなると、動物プランクトンの多くは、近づく冬に向けて準備を始める。それは厳しい冬の環境を

生き抜くために、休眠卵をつくることである。

　先にミジンコが休眠卵をつくることを述べたが、ワムシも似た生活史を持っている。ワムシも普段は単為生殖を行っているが、冬が近づくと母親がつくった卵から雄が現れるようになり、それが雌と交尾をして休眠卵をつくる。休眠卵は厚い殻に包まれ、活性を抑えて悪環境を生き抜く。ダフニアの仲間は、1個または2個の休眠卵を包んだ黒い殻をつくる。その卵は親の脱皮の際に親の体から離れて湖底に沈んでいく。または、水面に浮いて風によって湖岸に運ばれることになる。

　この休眠卵の生産は、水温の低下、光周期が長日から短日になること、そして餌密度の低下という刺激によって誘導される。そして、休眠状態を続け、春になって水温が上昇し、日長が長くなると、それが刺激となって休眠卵が孵化し、通常の雌個体が誕生する。ただし、このときに孵化する休眠卵は、秋に大量につくられた休眠卵のごく一部と考えられる。なぜなら、休眠卵が孵化するには、変化する日長の情報が必要だが、その卵が眠っている湖底に太陽光が届くのは、沿岸の浅い水域にほぼ限られるからである。

　孵化しなかった休眠卵はそのまま長期間眠り続け、やがて死ぬことになる。その前に何かのきっかけで明るいところに出ることができると、孵化して新しい個体群の形成に貢献することになるだろう。35年前に湖底に堆積した層（図2-24）から得られたゾウミジンコの休眠卵が、実験室内で孵化したという報告があることから、休眠卵は数十年は湖底の中で生きていくことができるようだ。

　春にうまく休眠卵から孵化した個体は、その後単為生殖を行って急速に個体群を大きくし、春の透明期をつくることになるのである。

▲図2-24　湖底に透明なチューブを差し込んで採取した湖底堆積物。例えば、湖水中の物質（プランクトンを含む）が沈殿し、それが湖底に堆積する速度が平均で1年に1mmだったなら、このチューブで湖底表面から深さ1mまでの堆積物を採ると、そこには過去1000年の間に堆積した物質（ミジンコなどの遺骸や休眠卵を含む）が含まれていることになる。写真提供：朴虎東

冬ごもりを始める生物たち

　沿岸域では、晩夏、または初秋に水草の分布域が最大になる。そしてその後、水温の低下と日射量の減少とともに水草の勢いが落ち、枯れ始める。その頃、ヨシは湖底にある根に栄養分を貯め、春の発芽に備える。一方、浮葉植物や沈水植物の多くは、殖芽や種をつくり、それを湖底に落とす。枯れ始めて元気がなくなってきた植物体は風波によってちぎれ、湖岸に打ち寄せられるようになる。

5　冬〜湖の環境を大きく変える氷

氷の下の静かな世界

　秋が過ぎ、冬になると、湖の水温はますます下がる。そして、ついに湖面が凍り始め、最後には湖全体が氷に覆われるようになる。すると、湖面を風が吹いても、その影響は湖水には及ばなくなる。植物プランクトンの珪藻は、殻が珪酸でできており、ほかの藻類よりも重く沈みやすい。そのため、氷が張って湖水が撹拌されなくなると、多くが沈降してしまう。しかし、氷の下面に付着している藻類がいる。湖面が氷で覆われていても、氷は太陽光を透すので、その光を利用して植物プランクトンが光合成を行い、酸素をつくっている。そのため、氷の下の湖水は必ずしも酸素欠乏状態にはならない。多くの動物プランクトンは冬になる前に休眠卵をつくるが、それでも、プランクトンとして水中で生き続けているものがいる。ただし、弱い太陽光と低い水温のため、植物プランクトンの増殖速度は非常に遅く、現存量が少ない。そのため、湖水中の動物プランクトンにとっても厳しい環境であり、この頃の現存量は年間の最低値を記録することになる。

　多くの魚は4℃程度の水温でも生きている。しかし、その活性は著しく低い。氷の下の世界は、水が動かず、生物たちもあまり動かない、静かな世界なのだろう。

　湖面が氷に覆われるのは、気温が氷点よりもかなり下回る寒冷地にある湖だ。しかし、氷が張るか否かを決める要因は気温だけでなく、湖の大きさも重要だ。湖面積の広い湖では、強い風が吹きやすく、それによって湖面が撹拌されるので凍りにくい。一方、小さな湖では、風が湖面を滑る距離が短いので、強い風が吹いても、湖面では波が立ちにくい。このような湖では、比較的容易に氷が張る。これは、山あいにあって、風が山に遮られる湖でも同じだ。

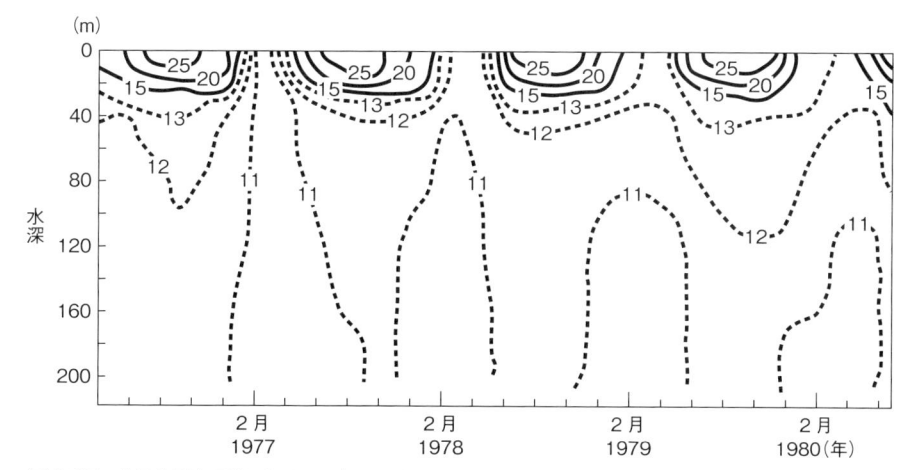

▲図2-25　鹿児島県池田湖における3年間の水温分布。同じ水温の位置を線でつないだ等値線で示す。数字は水温を示す。線が縦になっているときには、浅いところから深いところまで水温がほぼ同じであることを示している。線が横になっているところは、水深に応じて水温が大きく異なっている。Sato (1986) より再作図

温暖な地では冬に循環期となる

　冬の水温が4℃以下にはならない温暖な地域では、冬の最低水温（＝年間の最低水温）を記録した水が最も重い水となる。すると、その水が湖底に沈むことになり、それよりも暖かく軽い水が表層に留まる。そのような湖では、表層の水温が下がって底層の水温と等しくなるのは、春や秋ではなく、冬になる。したがって、比較的暖かい地にあり冬に凍らない湖では、冬期が循環期となる。すると、このような湖では、成層期は春〜秋となるのだ。そのような湖の例として、鹿児島県池田湖を挙げることができる（図2-25）。この湖では、年間の最低水温を保持している深水層の水が11℃で、表層が11℃になる冬期のみが循環期となる。

　湖ではどんなに気温が下がっても、氷の下には4℃の水が留まることになる。一方、夏の最高水温は、30℃を少し超えるほどにしかならない。これに対して陸上では、最高気温は40℃を優に超え、最低気温は氷点下50℃以下になるところもある。したがって、温度環境は、水中よりも陸上のほうがはるかに大きく変化し、厳しいと言えるだろう。

6　浅い湖〜水質汚濁問題を抱えやすいところ

浅い湖は成層しない

　ここまでは、夏に湖水が成層する湖について話をしてきたが、これはある程度以上の

水深を持つ湖の話だ。

　温かい水が比較的均一に分布する表水層は、風の影響を受けて湖水が撹拌されるためにできる。一方、その下につくられる深水層は、風の影響を受けないところである。したがって、湖で成層構造がつくられるためには、風の影響が及ばない深水層が生まれるに十分な深さが必要になる。では、それはどのくらいの深さか。先に述べたように、湖水が受ける風の影響の強さは、湖面の広さに大きく依存する。例えば、湖面積 0.36 km^2 の白樺湖や 1.41 km^2 の木崎湖では、表水層の厚さは 4〜6 m 程度。670 km^2 の琵琶湖では、10 m 程度である。すると、最大水深がこの深さに達しない湖では、深水層はつくられず、風の影響は湖底にまで及ぶことになる。

　実は、最大水深が 10 m に満たない浅い湖は、日本にはたくさんある。例えば、面積 13.3 km^2 の諏訪湖の最大水深は、約 6.5 m しかない。湖面積 171 km^2 と、日本で 2 番目の広さを誇る霞ヶ浦（西浦）の最大水深は約 7 m である。このような浅い湖では、これまで述べてきた湖とは異なる季節変化が見られる。

浅い湖は汚れやすい

　春は日射量が増えることで植物プランクトンの活性が上がり、低温に適応した珪藻が増えて湖水が濁る。湖が浅いので、湖水は容易に風によって撹拌され、湖底に溜まっている窒素やリンが水中に舞い上がり、植物プランクトンに供給される。この時期は、深い湖でも湖水が循環して湖底から表層に栄養塩が供給されるので同じである。

　ところが、浅い湖では夏になっても風が吹けば湖底まで水が撹拌されるため、湖底からの窒素やリンの供給がある。一方で、強い風が吹かない穏やかな日がしばらく続いたときには、夜に冷やされた水が沈み、昼に温められた水が表面に昇るので、浅い湖でも水が成層するようになる。

　例えば、諏訪湖の場合、数日間強風が吹かないと、夏の表層の水温は 25℃になり、それは水深 3 m までは変わらないが、それより深くなると 22℃にまで下がる。その水温差はわずか 3℃であるが、表層と底層で水温が異なるということは、水が上下で混ざっていないことを示している。そして、水深 3 m を境に、表水層と深水層がつくられたことになる。諏訪湖には植物プランクトンが多く水の透明度が低いため、湖底には太陽光が届かない。すると、湖底付近では底に溜まった有機物が、バクテリアによって分解される。およそ 4℃の冷たい水が深水層に溜まる深い湖とは異なり、浅い湖では底層水の水温が高いので、バクテリアの活動も活発だ。そのため、バクテリアの呼吸によって大量に酸素が消費され、湖底の酸素濃度が急速に低下する。そして、時には酸素が全く

なくなるという事態になる。そうなると、湖水が撹拌されて湖底が好気的環境だったときに鉄に吸着していたリンが、嫌気的環境になったことで水中に遊離するようになる。そのときに強い風が吹くと、湖水全体が撹拌されて、底泥から遊離したリンが表層に運ばれる。そうなると、リンの供給を受けた植物プランクトンが、夏の強い太陽光を受けて盛んに増殖する。特にリンや窒素の供給量が多いと、藍藻が大発生してアオコがつくられ、深刻な水質汚濁問題が起こることになる。

先に、深い湖では、夏には春よりも植物プランクトンの増殖が抑えられることが多いと述べた。ところが、これは浅い湖には当てはまらない。水温が高くなる夏には、湖底での有機物の分解が盛んに進み、その結果増えた無機物としての窒素やリンが表層の植物プランクトンの増殖を促すからである。

ひどい水質汚濁問題を抱えている湖には、浅いものが多い。例えば、倉田（1990）のデータから日本の代表的な富栄養湖の最大水深と平均水深をそれぞれ挙げると、霞ヶ浦（7 m, 4 m）、諏訪湖（7.2 m, 4.7 m）、八郎湖（八郎潟）（10 m, 4 m）、印旛沼（2.5 m, 1.7 m）、手賀沼（3.8 m, 0.9 m）となる。どこも水深10 m以下と、とても浅い。

浅い湖が汚濁しやすいことには、もう一つの理由がある。それは、浅い湖の多くが山岳地域ではなく平野にあるということだ。平野には人が多く住み、大きな町がつくられる。そうすると、多くの家庭や事業所から大量の窒素やリンを含む排水が出され、それが湖の水質汚濁を促す大きな要因になるのだ。

水質汚濁で生物が増える

富栄養湖には魚が多い。なぜなら、植物プランクトンの増殖が活発だからだ。植物プランクトンが多ければ、それを餌とするミジンコなどの動物プランクトンも多い。そして、ミジンコを餌とする魚も多くなる。魚が増えれば、今度はその捕食影響が動物プランクトン群集に強く及ぶようになる。その結果、ダフニアなどの大型種はほとんど見られなくなり、小型のゾウミジンコやワムシ類が春から秋まで優占するようになる。湖が深ければ、ダフニアは日周鉛直移動を行って魚と共存できるが、浅い湖ではそれができないので、魚との共存は難しい。

富栄養湖では水中での植物プランクトンの生産量が高く、それによって増えた有機物が最後には湖底に沈むことになる。すると、湖底にはそれを餌とするユスリカ幼虫やイトミミズなどの生物が増えることになる。

ユスリカの成虫は種ごとにほぼ同時期に羽化する。例えば、大きな水質汚濁問題を抱えていた諏訪湖では、大型のオオユスリカ（体長15 mm、図2-26）が年3回（およそ4、

第一部　川と湖を見る・知る・探る

▲図2-26　諏訪湖畔の建物の壁にとまっているオオユスリカの成虫（体長約15mm）

6、8月)、アカムシユスリカ（体長15mm）が年1回（10月）に大量に発生していた。発生した成虫は湖畔の建物にとまり、壁を黒くした。洗濯物にとまった成虫は、はたかれると体がつぶれ、洗濯物を汚した。そのため、ユスリカはたいへんな迷惑害虫とされていた。ところが、その一方で、ユスリカの幼虫や蛹は魚の重要な餌であり、湖での漁業を支えていたのである。魚はミジンコばかりではなく、ユスリカやエビなど、様々な生物を餌としている。湖が富栄養化すると、それらの餌が増え、結果的に魚が多くなるのである。

浅いが故に、景観も環境も大きく変わる

　浅い湖では、岸からかなり離れた沖合でも、湖水の透明度が高ければ湖底まで容易に太陽光が届く。そうなると、水草が広い範囲で繁茂することになる。ところが、浅い湖は、これまで述べてきたように、水質汚濁問題が生じやすい。すると、水の透明度が低下するので、水草の分布域が大きく縮小し、水深が1mに達しないような浅い湖岸のわずかな水域でその姿が見られるのみになる。したがって、浅い湖は水深が浅いが故に、水が澄んでいるときには水草が広く分布しているが、浅いが故に水質が汚濁しやすく、その結果、水質汚濁の進行に伴って水草帯が大きく衰退し、景観が大きく変わる湖なのである。

　先にも述べたが、水草が繁茂するようになると、そこには特徴的な生物群集がつくられる。ヤゴやゲンゴロウなどの水生昆虫やエビ類が生息する。また、付着藻類が水草表面を覆い、それを餌とするユスリカ幼虫やミジンコが増える。次に、それらの動物を餌とするために仔魚や稚魚が集まってくる。これは水草が複雑な構造を持つことで、様々な生物の生息環境がつくられるからである。さらに、水草が繁茂することで、水中の物理化学的環境も変わる。特に、浅く富栄養化した湖ではそれが顕著である。

　富栄養湖では、水中の有機物が湖底に溜まり、有機泥（ヘドロ）がつくられる。そこ

には窒素やリンが豊富に含まれることから、水草も高い密度で繁茂する。特に、湖岸に近いところには、ヨシやマコモなどの抽水植物が繁茂するようになる。これらの植物は、植物体を水面上に出して葉を展開するため、水中への太陽光の透過を妨げる。また、水草が水中に繁茂すると、風による水の撹拌を抑えてしまう。そのため、水草のない沖帯と水草帯の間での湖水の入れ替わりが遮られる。さらに、水草帯の中は光が当たらないために植物プランクトンによる光合成が抑えられ、酸素が生産されなくなる。そのうえ、水草帯に溜まったヘドロの中の有機物がバクテリアによって分解されるので、水中の酸素が消費され、二酸化炭素濃度が高くなる。その結果、水草帯の中の溶存酸素濃度が著しく低下し、pHも低くなる。また、太陽光が遮られると、水温の上昇が抑えられ、水草帯の水温は沖帯のものよりも低くなる。水草帯の内と外で水温を測定すると、時には2～3℃の違いが観測されることがある。特にその状況は、湖岸に近い抽水植物帯で顕著で、そこから浮葉植物帯、沈水植物帯へと進むにつれ、水中の環境は沖の表層の環境に近くなる（図2-27）。

　水草帯は仔魚や稚魚の重要な生息場所と言われるが、水草帯の溶存酸素濃度が低くなると魚には生息が困難な場所になってしまう。しかしながら、多くの場合、魚は初春に卵から孵化して仔魚となり、水草帯に生息する。その頃はまだ水草が十分な成長を遂げていないので、そこは酸素欠乏にはならない。水草が繁茂して溶存酸素濃度が低下する晩春には、仔魚・稚魚はすでに成長し、水草帯から外に出て暮らすようになるので、大きな問題とはなりにくい。

　ところで、ここでおもしろく思うことがある。深い湖では湖水が夏に成層する。この

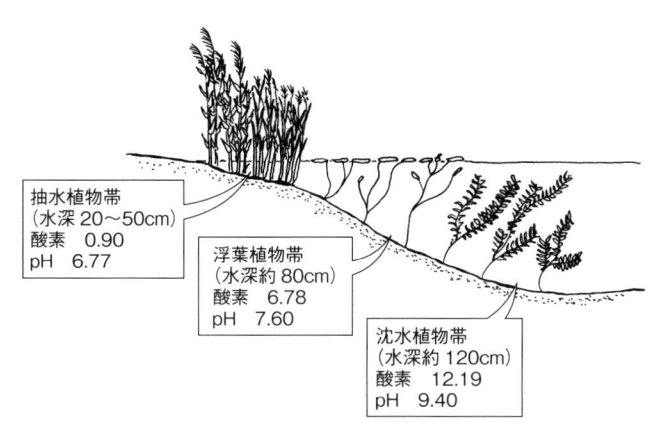

▲図2-27　夏に諏訪湖の水草帯内で測られた水中の溶存酸素濃度とpH

湖がある程度富栄養化していると、表水層は温かく植物プランクトンが活発に光合成をするために、溶存酸素濃度が高く、pHも高い。一方、深水層は水温が低く、太陽光が届かないために溶存酸素濃度は低く、pHも低くなる。すなわち、このような湖では、表層から湖底に向けて、鉛直的に環境が大きく異なる。一方、浅い湖の場合は、安定した表水層と深水層がつくられないので、深い湖で見られたような鉛直方向の不均一な環境はつくられない。しかし、水草が繁茂することで、沖と水草帯との間で、水温、溶存酸素濃度、pHなどが異なる場所がつくられることになる。すなわち、浅い湖では水平方向に不均一な環境がつくられるのである。言い換えると、深い湖の深水層の環境が、浅い湖では水草帯につくられるのである。

寒冷地の浅い湖で起こる「冬殺し」

秋になって水温が低下し日射量が減ってくると、夏に優占していた藍藻類が減り、珪藻類が優占するようになる。すると、湖水は緑色から茶色に変わる。湖岸で繁茂していた水草は枯れ、生物の多くは越冬の準備を始めるのである。

寒い冬が訪れ、湖が氷に覆われると、これまで風によって頻繁に撹拌されていた湖水に風の影響が及ばなくなる。そうなると、湖水は成層する。湖底付近には4℃の水がよどみ、表層には氷に冷やされた0℃の水が停滞する。これは深い湖と同じである。

ところが、富栄養化した浅い湖では、湖面が氷に覆われ、その後長期間にわたって雪が降り積もると、湖水中の魚が大量に死ぬという「事件」がしばしば起きる。

そのわけは、次のように説明できる。

富栄養湖なので、湖底には多くの有機物が堆積している。冬は湖底の水温が低いが、それでもゆっくりではあるがバクテリアの働きで有機物が分解される。すると、それに伴って酸素が消費され、水中の溶存酸素濃度が低下するのである。そのうえ、湖面を覆う氷の上に積もった雪が太陽光の透過を妨げ、湖の中を暗くする。それによって植物プランクトンの光合成が抑えられ、酸素の生産がなくなる。そのような状態が数カ月も続くと、湖水全体の溶存酸素濃度が著しく低くなり、魚たちが大量に死ぬことになる。このような現象は「冬殺し（Winter kill）」と呼ばれており、北米や北欧などで報告されている。

冬殺しは、漁業者や釣り人にとっては困った問題だが、湖水の汚濁を憂いている人にとっては幸いになることもある。なぜなら、魚がいなくなったことで、捕食圧から解放された大型ミジンコのダフニアが増え、湖水中の植物プランクトンを食べ尽くして、透明度を著しく高めることがあるからだ。

例えば、アメリカ・ミネソタ州のセバーソン湖（最大水深5.3 m）は、夏の透明度が1 mにも達しない富栄養湖だったが、ある年、この湖で冬殺しが起きた。すると、春から夏にかけてダフニアが大量に発生し、7月には船の上から湖底がよく見えるようになったのである。

おわりに〜湖の生態系は地球生態系の縮図

　ここまで読んでくださった方は、湖水中では、成層構造の発達や消滅などの物理的環境や、窒素・リン濃度、溶存酸素濃度やpHなどの化学的環境が、季節に応じて大きく変化することを学んでいただけたと思う。そして、その非生物的環境の変化が、生物たちに大きな影響を与えていることも理解していただけただろう。無機物質の窒素やリンの濃度上昇がアオコの発生を促すこと、また、溶存酸素濃度の低下による湖底の貝類の死滅などがその例と言えよう。一方で、湖では、生物群集が湖水中の非生物的環境を変える様子も見ることができた。例えば、アオコをつくった藍藻やバクテリアが、表水層と深水層の溶存酸素濃度やpHを大きく変えた。

　すると、湖の中では、非生物的環境と生物群集が、お互いに強く影響し合っていることがわかる。実は、これは、地球生態系の中で起きていることと同じなのだ。

　私たちが、今、抱えている環境問題のほとんどは、人間の活動が、非生物的環境、または生物群集を変え、その影響が、両者の相互関係を介して人間自身に及ぶものである。例えば、地球温暖化や酸性雨の問題は、人間活動が大気中の二酸化炭素、硫黄酸化物・窒素酸化物濃度等を高め（非生物的環境を変え）、気温の上昇や酸性雨によって一部の生物を死滅させ、また分布域を変化させた（生物群集を変えた）ものである。また、人間が熱帯林を広く伐採してしまったことが（生物群集を大きく変えたことが）、地域の乾燥化をもたらして土地を荒廃させる（非生物的環境を変える）こととなった。

　このように考えると、地球上で起きていることと同じことが、地球よりはるかに小さな湖の中でも起きていることがわかる。すると、湖の生態系は、地球生態系の縮図と言えるだろう。したがって、湖の生態系を学び、それと人間活動との相互関係を考えることは、今、私たちが抱えている様々な環境問題の理解と解決につながるのである。

　これからは、このような視点を持ちながら、湖と付き合ってみてはどうだろうか。

第二部

陸水学の今がわかるトピックス24

Topics 1

湖沼や河川に見る温暖化
気候変動と陸水

新井　正

　地球環境の重要課題の一つは気候変動である。地球は数万年以上の周期を持つ氷期・間氷期をはじめ、数十年あるいは数百年周期の寒暖の歴史を繰り返してきた。近年は温暖化が著しく、20世紀の間に世界の気温は約0.8℃上がった。温暖化は、湖沼や河川にどのような影響を与えているのであろうか。

冬と春　氷に顕著な変化

　湖や川の氷は気温変化に敏感であり、その記録は気候変動の有力な証拠になっている。世界的に見ると、凍結の永年記録が存在する湖沼・河川は北緯40度以北に多い。結氷日、解氷日は、緯度、海抜高度、水深などにより違いがあるが、結氷は12～1月、解氷は3～5月が多い。温暖化を反映し、結氷日は20世紀の間に平均5.7日遅くなり、解氷日は6.3日早くなった。すなわち、凍結期間が約12日短くなった。完全凍結に至らない場合も見られるようになった。

　長野県にある諏訪湖は北緯36度に位置するが、海抜760mの高地のために全面結氷が見られる。特に寒い夜があると氷に割れ目が生じ、この隙間に入った水が凍結し、両側から押されてせり上がる。これが御神渡りで、作物の豊凶を占う神事として拝観が行われ、15世紀以来の記録が残されている。かつてはほぼ毎年御神渡りが観測されていたが、20世紀末になると冬の気温上昇に対応して拝観なしの年が激増した。

　凍結しない暖地の湖沼でも、水の中では変化が起こっている。

夏と秋から冬へ　成層と循環

　氷が消えると、表水層の水温は上がり始める。凍結しない湖沼では昇温が早く始まるので、年間を通して水温が高くなる。熱帯から寒帯までの湖沼における記録によれば、20世紀後半には年平均0.03～0.06℃の割合で水温が上がった。

　初夏以降、暖かい表水層と冷たい水を残す深水層との間に水温が急に変化する水温

Topics1　湖沼や河川に見る温暖化

◀図　2003年1月の諏訪湖の御神渡り。近頃では御神渡りが発生しても、昔のような大きな氷のせり上がりは見られない。写真提供：花里孝幸

躍層が現れ、深い湖は安定した成層構造になる。深水層では沈殿物の分解のために酸素が消費されるが、水温躍層により表水層からの補給が絶たれるために貧酸素化が進行する。盛夏が過ぎ水面が冷やされると、鉛直対流（循環）による上下混合が始まる。循環は季節の進行とともに成層を崩しながら次第に深水層に達し、やがてすべての水が入れ替わり、深層の酸素も回復するはずである。しかし、暖冬年には冬でも十分に冷却されず、表水層の水温が深水層より高くなり、循環が湖底に達しない不完全循環となり、深水層の貧酸素水が越年する。

　鹿児島県にある水深233mの池田湖では、近年不完全循環が多く、中層以下の貧酸素・無酸素化が著しい。これには温暖化とともに富栄養化の影響がある。池田湖はかつて透明度20m以上の貧栄養湖であったが、農業用排水の流入などにより透明度が5～10mに落ちた。富栄養化と不完全循環が重なり貧酸素層が拡大したが、数年に一度の寒い冬には循環が強くなり深層の酸素が回復する。琵琶湖の貧酸素層も、温暖化と富栄養化の両者の影響と考えることができる。

複雑な課題

　河川でも氷に関しては温暖化の影響が明らかに見られるが、水温に関しては不明な点が多い。これは湖に比べて河川では、流量変化や取水・排水などの影響が強く現れるためである。湖沼・河川ともに、エルニーニョ・ラニーニャや極を回る偏西風の強弱などの気象変動に反応しているが、この関係も十分には解明されていない。湖沼・河川の凍結日数や氷厚あるいは鉛直循環の変化は、水質や生物にも影響を与えている。また、地下水にも温暖化傾向が現れている。

Topics 2 湖沼の酸性化

辻 彰洋

田沢湖の酸性毒水

　日本において湖沼の酸性化による被害の最も顕著な例は、田沢湖で起きた。田沢湖では、1940年に水力発電所の建設のために、玉川温泉からのpH1という強酸性水（毒水と呼ばれた）を導水した結果、急激に酸性化が起こった。そのため、魚類の固有種であったクニマスが絶滅するなど生態系に壊滅的な影響が生じた。現在では、酸性の流入水を中和する事業が行われており、pHは上昇しつつある。

　2010年12月、富士五湖の一つ西湖で、田沢湖から持ち込まれた卵が繁殖したと考えられるクニマスの生息が確認された。田沢湖の地元ではクニマスの里帰りに対する期待が大きいが、現在の田沢湖のpHはいまだクニマスが生息できるレベルには戻っていない。

欧米での酸性雨と湖沼の酸性化

　ヨーロッパや北アメリカでは酸性雨によって湖沼の酸性化が起こり、漁業資源の減少など生態系に被害が生じていることが広く知られている。これらの国々では工業化が19世紀から始まっているために、酸性雨被害についての過去のデータは限られている。そのため、湖沼の堆積物の柱状試料（コア）を採集し、そのコアに含まれる珪藻などの微化石を用いて、pHなど過去の水環境を復元する古環境解析についての研究が盛んに行われてきた。

　スウェーデンで行われた研究では、紀元前2300年から1900年頃まで湖水のpHは高かったと推定される。これは、人間活動による湖沼への栄養塩の流入により、一次生産が高かったためと考えられる。しかし、その後の酸性雨の流入によりpHが低下し、さらに1970年以降には、石灰散布によりpHが上昇したことがわかってきた。

日本での酸性雨と湖沼

　日本では、酸性雨の報告は多いものの、酸性雨が原因と考えられる湖沼の酸性化やそ

の被害については、ほとんど報告がない。これは、日本に分布する土壌が酸性雨を中和する緩衝作用が高いためであると考えられている。しかし、この緩衝作用には限界があり、酸性雨も収まっていないため、将来的には日本の湖沼も酸性化の被害が生じる可能性が高い。

一方、湖沼が富栄養化すると、日中は植物プランクトンや水草の光合成によってpHが上昇する。日本では、戦後、各地の湖沼で富栄養化が進行したため、湖沼のpHはむしろ上昇傾向が見られる。

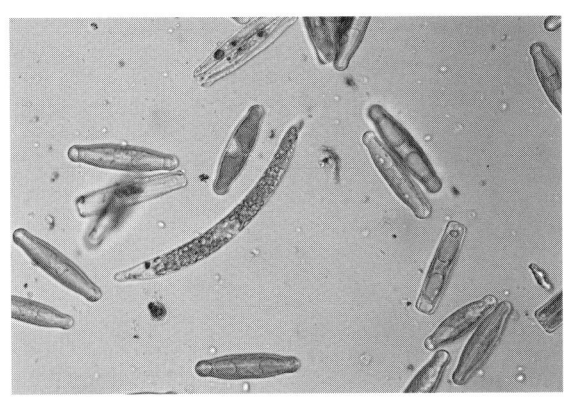

▲図 強酸性水に特徴的に出現するピヌラリア（*Pinnularia acidojaponica*）とミドリムシ（*Euglena* sp.）

農村部の小さなため池などでは、周辺農地において化学肥料が過剰に撒かれた場合、水域が酸性化する現象が見られることがある。これは、化学肥料として多く用いられる硫安（硫酸アンモニウム）は、肥料としての有効成分の陽イオンが先に植物に吸収され、硫酸イオンが土に残るため、土壌の酸性化を招き、ひいては水域に流れ出し酸性化の原因となるからである。

酸性雨が生物に与える影響

酸性雨が生物に与える影響は複合的である。酸性化が生物に与える直接的な影響は種類によって異なると考えられるが、ほとんどの生物種について直接的にどのような影響を与えるかは調べられていない。魚類ではpH6前後で行動に影響が現れ、さらにpHが低い水域では卵や精子などの発生段階の生殖障害が生じ、pH4台では致死作用を生じさせることがわかっている。また、酸性雨により、土壌から溶け出したアルミニウムイオンが動植物に対して毒性を持つことや、その毒性は酸性度が強いときにより高まることがわかっている。

一方、水域が酸性化することで、植物プランクトンや水草などの一次生産者の生産量が減少し、生態系全体の生物量が減少してしまう、間接的な影響があることもわかっている。

Topics 3 人工の小規模止水域であるため池の特徴と保全

近藤繁生

ため池とは

　ため池とは、農業灌漑用に築造され、必要に応じて貯水と取水のできる施設を備えた池である。築造年代は、古くは飛鳥時代にさかのぼるが、多くは近世以降と思われる。ため池の形態は、立地条件から、平地に盛土をして堤で囲まれた皿池（図1）と、丘陵地の谷を堰き止めた谷池（図2）に大別される。皿池と谷池では、立地条件や築造方法の違いから、水質や生物相も異なっている。

　ため池の規模は大小様々であり、最大水深は2～3mの池が多い。ため池は全国に分布するが、密集地域は、瀬戸内海沿岸地帯と奈良盆地、伊勢平野、濃尾平野と北九州であり、全国でおよそ21万箇所が数えられる。

　ため池は人工的な水域であるが、水田と同じように、人の生活に密着し、長い時間をかけてつくり上げられた環境であり、そこには水田、水路、ため池がセットになって多様な生物を育む水域となっている。ため池は里山の構成要素として欠くことのできない水辺であり、現在では都市における洪水調節池としての役割も注目されている。

ため池の生物

　ため池の生物相は、天然の湖沼と比較して決して貧弱ではない。原生動物、プランクトン類を除き、海綿動物、刺胞動物、扁形動物、環形動物、軟体動物、節足動物、触手動物、脊椎動物（魚類、両生類、爬虫類、鳥類）などおよそ300種以上の動物が生息し、ため池および周辺には、水生、湿生のおよそ150種以上の植物が記録されている。これらの中で、トンボ類は、国内産のおよそ3分の1に当たる種が、また水生植物のおよそ半分はため池とその周辺から記録されている。

　人工的な水域であるため池は、築造されてから今日に至る長い歴史の中で多くの水生生物の生息場所となり、極めて自然度の高い水域になっている池も少なくない。

Topics3 人工の小規模止水域であるため池の特徴と保全

◀図1 皿池である奈良県橿原(かしはら)市内の醍醐池(だいごいけ)。皿池は人家近くにつくられているため、生活排水や農耕地からの肥料などが流入しやすく、富栄養化する傾向がある

◀図2 谷池である愛知県名古屋市内の塚ノ杁池(つかのいりいけ)。谷池は丘陵地につくられているため、人為的な影響が比較的少なく、貧栄養で、酸性を示すことが多い。

ため池の魅力と保全

　前述のように、生物相豊かなため池は、陸水学的研究の場としても環境教育の場としても格好の地である。しかも、大小様々なため池が全国に分布しているので、研究目的に沿ったため池を選定できることも魅力である。また、小規模な池が多いため、ため池環境全体を把握することが可能であり、環境要因の季節的変化や経年変化が調査でき、対象生物の生活環や世代数の調査も容易である。ただ、近年は農業用灌漑の利水目的を失ったため池が、宅地開発によって埋め立てられることが多いため、多様な生物の生息場所として、また都市における親水空間としてのため池の保全が望まれる。

　こうした状況の中、農林水産省は、ため池の重要性を理解し、保全・活用されていくことを意図して、2010年に全国から応募を募り、「ため池百選」を選定した。

Topics 4 水田と氾濫原の生物多様性

西野麻知子

アジア・モンスーンの中の日本

　日本全国の降水量は9月が最大で、次いで6、7月に多い。前者は主に台風、後者は梅雨による。台風は気まぐれで、日本に10個も上陸する年もあれば全く来ない年もあり、進路も一定でない。一方、梅雨期の6〜7月には、ほぼ毎年広範囲に大量の雨が降る。気象学的には、梅雨前線はモンスーンをもたらす前線の一つである。南アジアや東南アジアにかけてのモンスーンは、インド洋や西太平洋に端を発する高温多湿な気流が原因で、世界で最も規模が大きく、広範囲に連動して発生することから、アジア・モンスーンと呼ばれる。日本もその一端に位置し、これらの地域では広く水田稲作が行われている。

水田の種多様性

　日本の水田からは、ウイルスから被子植物、哺乳類まで5700種ほどの陸生・水生生物が報告されている。このうち水生と考えられるのはほぼ3分の1、約2000種に上る（図）。なぜ、これほど多くの生物が水田にすむのだろうか？

　5〜6月の田植え期になると、田の土を砕いて肥料を鋤き込んだ後、田んぼに水が張られる。それまで陸地だったところが冠水し、光が十分届く浅い水域が広がることで、土壌中の栄養塩が溶け出す。すると、植物プランクトンや底生藻類の光合成が盛んとなり、それらを食べるミジンコなど動物プランクトンやユスリカなどの底生動物が増える。その頃になると、コイ、フナ類をはじめとする淡水魚が水田に上ってきて産卵する。田んぼでふ化した仔魚は、天敵の少ない環境で豊富なプランクトンを餌に、急速に成長する。さらに、それらを餌とするヤゴやカエル、水鳥など、多くの生き物で水田が賑わう。

　水田では、毎年決まった時期に広大な陸地が冠水することで、水中の生産力が高まり、多くの水生生物を養うことができる。ただ湛水期間は約1カ月で終わり、中干し後、ごく短い期間に何度か冠水するが、それ以外の時期は乾田となる。

　では、水田から水がなくなると、水中の生物はどう対処するのだろうか？　藻類やミ

Topics4 水田と氾濫原の生物多様性

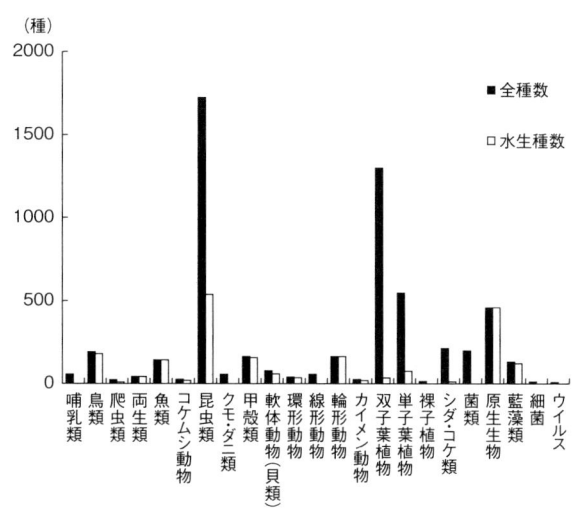

▲図　日本の水田にすむ生物の全種数（桐谷，2010）と，このうち水生と考えられる種数（外来種，病害虫を含む）。イネなど抽水植物は陸生として，鳥類，両生類は水中と陸上の両方を利用するが，ここでは水生として扱った

ジンコなどのプランクトンや，カブトエビ，カイエビなど底生動物の一部は，シストや耐久卵をつくって休眠するが，多くの動物はどこかに避難する。一部の水生昆虫は成虫となって飛翔し，両生類は水田から這い出る。成長した稚魚は，田んぼから周囲の水路，さらに水路から近くの河川やため池，湖沼へと，水を介して移動する。

　水田にすむ生物の3分の2は陸生だが，その多くは水辺にすみ，またイネなどの水辺植物を利用する。水田は一時的水域であり，陸域と水域のエコトーン（移行帯）でもあるからこそ，多様な生物が利用することができる。

　しかし，年間を通して水田で活動する生物は少なく，水田生態系は一時的な訪問者で成り立っている。そのため，水田だけでなく，周辺の河川，湖沼，森林など地域の生態系全体を守ることが，水田の生物多様性保全につながる。

水田と氾濫原

　ところで，毎年ほぼ決まった時期に冠水と干陸化を繰り返す現象は，水田に限らない。むしろ，アジア・モンスーン地域の氾濫原でよく見られる。氾濫原とは，川や湖沼に隣接する平地で，ふだんは陸地だが，増水時には冠水して水域の一部となる場所のことである。ただ開発の進んだ日本には，手つかずの氾濫原はほとんど残っていない。水田は人為的につくられた環境であるが，そもそもイネ自体が湿地性の植物で，氾濫原の要素を色濃く残している。水田は，失われた氾濫原機能の一部を担っていると言える。

Topics 5

富栄養化の進行と底質環境の悪化
オニバスの絶滅要因を探る

角野康郎

姿を消す巨大水草オニバス

　絶滅危惧植物のシンボル的存在となっているオニバスは、最大直径が2 m近い葉を水面に浮かべる巨大な水草である。本州以南の平地の湖沼やため池、水路などから320カ所あまりの産地が記録されている。しかし、水域の干拓や埋め立て、水質汚濁の進行で生育地は激減し、今では全国に30～40カ所しか生き残っていないと推測される。大きな群落を形成する場所はその一部に過ぎず、保全の取り組みも進められているが、楽観を許す状況にはない。

　オニバスが山間部の貧栄養な水域には見られず、富栄養な平地の水域にしか生育しないのは、十分な栄養塩類がなければ旺盛な成長を支えられないからである。しかし、富栄養化がさらに進行して過栄養段階になり、アオコが発生すると、それまで元気に育っていたオニバスの葉が急に枯れて消えてゆく。その現場では、株ごと浮き上がる植物体が目立つ。根が完全に腐っており、水底に固着できなくなったのである。このように地下部の腐敗が進行することで、オニバスは成長を続けることができなくなる。

オニバス衰退の要因　一つの仮説

　オニバスの衰退のメカニズムとして、私は次のような仮説を考えた。アオコが死んで水底に沈降し、分解する際に酸素が消費し尽くされて、底泥は極端な酸素不足になる。その結果、根や根茎などのオニバスの地下部の腐敗が進行し、オニバスは死に至るのではないか。

　問題は水質ではなく、底質環境の悪化にあると考えたのである。水草では茎や根に通気組織が発達していて、葉から取り込んだ酸素を地下部に輸送する仕組みが知られている。ハスの地下茎が肥大したレンコンの穴は典型例である。ところが、オニバスの地下部には通気組織が全く発達していない。底質環境の悪化に対する適応を欠いているのである。

Topics5 富栄養化の進行と底質環境の悪化

▲図 オニバスの群落。巨大な葉がひしめくこのような場所は、もうわずかしか残っていない（兵庫県稲美町）

見えない水底で変化が 〔底質研究の大切さ〕

　私はオニバスの多産地である兵庫県南部の溜め池の最近の状況を見ていて、オニバスの衰退が底質環境の悪化によるという仮説にますます確信を深めている。ため池の水が稲作に利用され、冬の池干し（かいぼり）など伝統的な維持管理が行われている池にはオニバスが生き残っている。しかし、十分に利用も管理もされなくなった池からはオニバスが消えている。放置された池の底には何十cmもの厚さの有機泥（ヘドロ）が堆積している。底質環境の悪化が、オニバス群落の衰退をもたらしているのではないか。

　陸水学では、水質に関する研究は数多いが、底質に関する詳細な研究は驚くほど少ない。採泥器でベントス（底生生物）の採集をしても、底質の環境を詳しく解析することはあまり行われない。実は、底質環境の詳細な研究は水質調査と比べて大変面倒である。それが底質の研究が遅れている理由であろう。しかし、水域の生物にとって、良好な水質を保全することと同じくらいに、見えない底質も重要なのである。ここにも陸水学の重要なテーマがある。

Topics 6 アオコの毒性と飲料水への影響・安全性

朴　虎東

アオコの発生と毒素の産生機構

　富栄養化現象による藻類(主に藍藻類)の大量発生を、専門家は「水の華」あるいは「ブルーム」と呼ぶが、一般には「アオコ(青粉)」のほうが馴染みがあるだろう。有毒のアオコが世界中の湖沼において発生し、しばしば野生生物や人間に被害を与えている。有毒藍藻は主に神経毒と肝臓毒を生産することが知られており、神経毒としてはアナトキシンがある。

　藍藻の生産する肝臓毒として最も一般的な毒素はミクロシスチンである。ミクロシスチンの生合成遺伝子(mcy)の構造が、3種の藍藻(ミクロキスティス、アナベナ、プランクトスリックス)から明らかになった。ミクロシスチンの産生条件としては、mcy遺伝子を持っている藍藻の指数増殖期に毒素産生量が多いこと、溶存態窒素とリン濃度が高いこと、窒素とリンの比が低いことなどが挙げられる。また、水温・光・pHについても、増殖速度を高くする条件で毒素産生が高くなる。なぜ、ミクロシスチンを産生するかについては、研究者たちの間でも意見が分かれる難問である。今のところ「アオコが捕食者に対抗するために毒素を産生する」というのがそれらしき答えだが、さらなる研究が必要であろう。

極めて強いミクロシスチンの毒性と被害

　ミクロシスチンの毒性は青酸ナトリウムの200倍で、いかにアオコ毒素の毒性が高いかがわかる(マウス半数致死量は、ミクロシスチン50 µg/kgに対し、青酸ナトリウム10000 µg/kg)。

　アオコ毒素による野生動物の死亡例は、1870年代にオーストラリアでのノジュラリア属による被害報告をはじめとして、最近ではカナダでの野鳥の大量死まで、数多くの事例が報告された。そして、1996年2月にはブラジルのカルアル市において、50人以上の透析患者が死亡するという人間への被害が発生した。次ページの表に示したように、

▼表 有毒藍藻による人体影響

年代	場所	被害者	症状	原因藍藻
1975	USA(ペンシルバニア州)	5000人	胃腸炎	*Schizothrix calcicola*
1979	オーストラリア(パーム島)	子ども138人 大人10人	肝炎に似た症状 食欲減退、吐き気	*Cylindrospermopsis rachiborskii*
1979	USA(ペンシルバニア州)	(1) 子ども20～30人 　　大人数人 (2) 大人1人 　　子ども2人 (3) 子ども15人	頭痛、腹痛、吐き気、下痢 耳の痛み 目の炎症 吐き気、下痢 発疹	藍藻 *Anabaena* *Anabaena*
1989	イギリス(スタンフォードシャイア)	16歳の兵士2人	不快感、喉の渇き、口周辺の水疱、血小板の減少	*Microcystis aeruginosa*
1989 1990	USA(シカゴ) ネパール(カトマンズ)	熱帯地域への旅行者 エイズ患者 カトマンズ在住者	吐き気、微熱 長期間の下痢	藍藻
1996	ブラジル(カルアル)	透析患者131人中116人 100人の急性肝臓障害(そのうち52人の患者死亡)	吐き気、嘔吐、微熱 筋脱力、上腹部痛み、 視力障害、頭痛、死亡	藍藻

人間の健康被害の例は1975年からあったが、死亡例はこのブラジルでの事件が初めてである。その原因として、水源でのアオコ毒素の混入が指摘されている。

アオコ毒素（ミクロシスチン）除去のための対策

　飲料水中のアオコ毒素、ミクロシスチンについてのガイドラインを最初に設定した国はオーストラリアである。このガイドラインでは、ミクロシスチンの飲料水中濃度について、短期暴露（14日以上6カ月以下暴露）で1.0 μg/L、長期暴露（一生の暴露）で0.1 μg/L（ミクロキスティスの細胞数にすると500細胞/mLに相当）と、短期・長期で二つの基準値を設定している。1998年制定の世界保健機構（WHO）のガイドラインでは、体重60 kgの成人1人が毎日平均2 Lの水を飲むと仮定し、また、ミクロシスチンの中で最も毒性が強いミクロシスチン−LRの1日摂取許容量が0.04 μg/kg体重/日、という研究結果を考慮し、飲料水中のミクロシスチン−LRの濃度1.0 μg/Lを上限として採択している。

　日本でも、飲料水源の湖沼やダム湖において、有毒藍藻類が発生している例があり、飲料水を介する人体への影響が心配されている。琵琶湖のように、藍藻の細胞濃度が低くても、アオコの表層に集積する性質により危険性が高まるシナリオがあることも、今後注意すべきである（次ページの図）。

　多くの国で自然湖沼やダム湖を上水道源として利用しているが、これら水源でも富栄

養化の進行により有毒藍藻類が大量繁殖し、その対策に頭を悩ませているのが現状である。アオコの除去の手法には、超音波・電流・発泡などの物理的方法、アルミニウムなどによる凝集沈殿、魚や微生物などを用いた生物的方法がある。水源地におけるアオコ毒素除去のための最良の対策は、富栄養化の防止、すなわちアオコ発生の原因となっている窒素・リンの低減が基本である。行政レベルでは、湖沼内への窒素・リンの流入規制と下水処理水の規制に加え、その地域にふさわしい水質改善のための事業を進めることが必要である。家庭レベルでは、行政や研究者の提言に耳を傾け、家庭から出る栄養塩類を低減する様々な努力を、生活の中で実施することが大切である。両者で努力することが、やがて湖沼の水質保全と我々の飲料水の安全性確保につながるだろう。

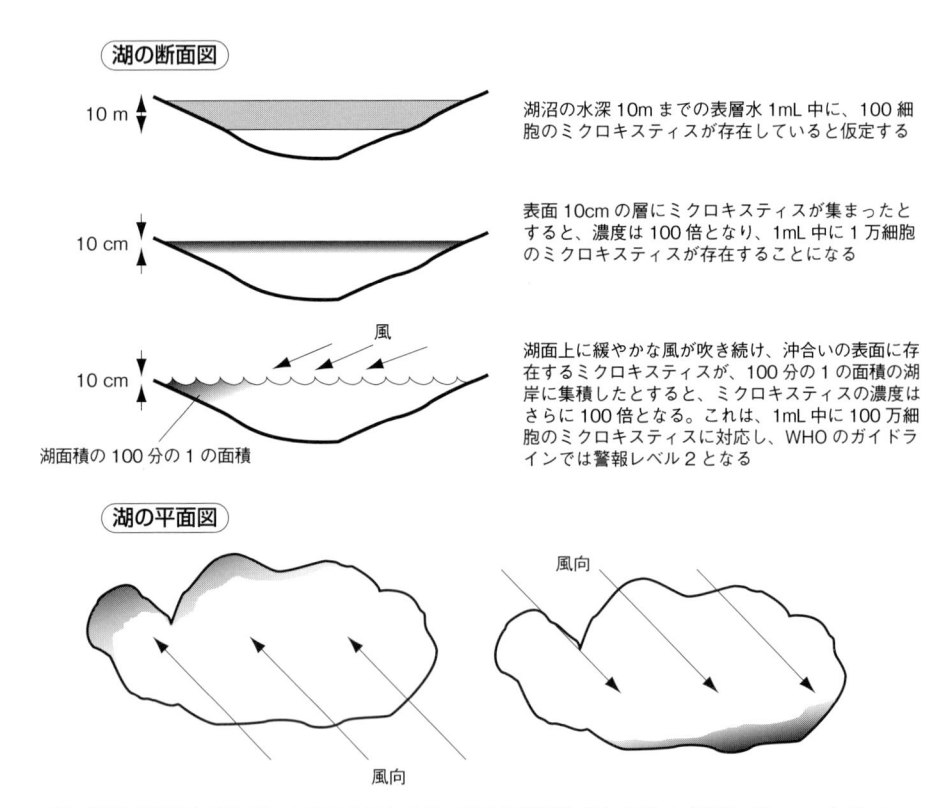

▲図　湖沼で想定される風によるミクロキスティスの高濃度化のシナリオ（出典：Chorus & Bartram 1999より改変、熊谷ほか 1999）

Topics 7 安定同位体に聞く生態系の物語

吉岡崇仁

沈黙の同位体：安定同位体と同位体比

　元素の中には、性質はほとんど同じだが、重さ（原子量）が違うものがある。これを同位体と呼ぶ。同位体には、放射能を持つ放射性同位体と放射能を持たない安定同位体があるが、近年、安定同位体を用いた生態系研究が多数行われるようになってきた。安定同位体は沈黙の同位体（サイレントアイソトープ）とも呼ばれているが、生態系を循環する中で、様々な現象を明らかにしてくれる。

　自然化における重い（原子量の大きい）安定同位体の存在量（次ページの表参照）とその変動はごくわずかであるため、標準物質の同位体比からどの程度隔たっているかを千分率で示した、デルタ（δ）値（単位はパーミル、‰）を用いて安定同位体の存在量を表している。δ値の定義は、炭素（C）を例に示すと次式の通りである。

$$\delta^{13}C\ (‰) = \{(^{13}C/^{12}C)_{試料} / (^{13}C/^{12}C)_{標準物質} - 1\} \times 1000$$

　標準物質は、イカによく似た軟体動物であるヤイシ類の化石の炭酸カルシウム殻が用いられている。また、窒素の場合の標準物質は、大気中の窒素ガスである。このδ値のことを一般的に「同位体比」と呼んでいる。炭素の場合、ほとんどの物質で標準物質よりも（$^{13}C/^{12}C$）値が小さいため、同位体比はマイナスになる。

安定同位体は何が違うの？

　安定同位体どうしは、原子核中の中性子の数の違い、つまり重さが違っているだけである。この重さの違いは、自然界での物質循環における挙動の違いとなって現れる。極めて単純に言えば、重い同位体は軽い同位体よりも動きが鈍い、この一言に尽きる。これを同位体効果と呼び、物理・化学的な物質循環過程の前と後で同位体比に変動（同位体分別）が生じる。この変動は、その後の物質循環において記録される。したがって、自然界に存在する様々な物質の同位体比やその変動の大きさを解析することによって、

生態系の仕組みを明らかにすることができる。以下に挙げるのは、沈黙の同位体が静かに語る物語の例である。

▼表 安定同位体の存在量の例。ここでは、生物体に多く含まれる元素のうち原子量の小さなものを例として示した

元素		原子量	存在比(‰)
水素	H	1	99.985
		2	0.015
炭素	C	12	98.89
		13	1.11
窒素	N	14	99.63
		15	0.37
酸素	O	16	99.759
		17	0.037
		18	0.204
イオウ	S	32	95.00
		33	0.76
		34	4.22
		36	0.014

混合モデル

「食う—食われる」関係と堆積物の起源

安定同位体を含むあらゆる物質は、同位体比によって標識（ラベル）がついていると考えることができ、これを利用して、食物連鎖を解析することができる。例えば、沿岸域の植物プランクトンの炭素同位体比は−20‰程度であるが、藻場に生育するアマモは光合成経路が多くの植物プランクトンとは異なるため、−12‰前後の高い炭素同位体比を持っている。河口沿岸域で植物プランクトンとアマモを起源とする有機物が堆積している場合、その同位体比を用いた混合のモデル（物質収支と同位体収支の連立方程式）を解くことで、有機物の起源を推定することができる。また、これらの有機物を餌として利用する河口沿岸域の動物群集も、それぞれ−20‰と−12‰という大きく異なる同位体比を基準として食物連鎖を区別してたどることができる。

もっとも、食物連鎖の場合は、栄養段階が1段階上がるごとに炭素同位体比は0〜1‰、窒素同位体比は3.5‰程度ずつ上昇することが知られており、この変化を踏まえて同位体比のデータを解析しなければならない（図1）。ここでは、河口沿岸域でのアマモと植物プランクトンの例を取り上げたが、同位体比の異なる有機物源が存在する生態系においては、同位体の混合モデルによって、物質循環過程をたどることが可能である。

アマモと植物プランクトンを起源とする有機物が混合した堆積物の同位体比

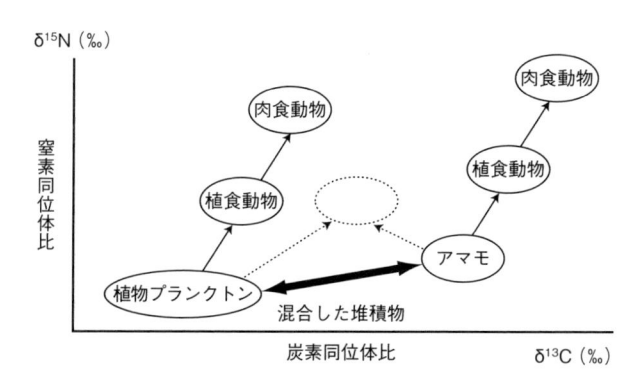

▲図1 河口・沿岸域における炭素、窒素同位体比の変動の模式図

は、両者の混合割合に従って太い両矢印の間で変動する。食物連鎖は細い矢印で示されており、アマモと植物プランクトンを起源とする二つの食物連鎖が存在しうることを示している。また、点線は、アマモと植物プランクトンをともに餌とする植食性の動物の位置を示している。食い合わせの比率は、堆積物と同様に混合モデルを解くことによって求めることができる。

気体は軽い

硝酸塩（NO_3^-）が窒素ガスに還元される脱窒反応や、有機物が分解してアンモニアガス（NH_3）が発生するときのように、最終産物が気体である場合では同位体分別が大きく、残された窒素の同位体比が特異的に高くなることが知られている。多量の有機物が排泄される海鳥繁殖地や、富栄養化した水域では、これらの反応が進むため、生態系全体が高い窒素同位体比で特徴づけられている。琵琶湖の湖水中の硝酸態窒素の同位体比は約8‰と陸水域としては高い値を持っているが、これも富栄養化による脱窒の影響と考えられている。そのため、琵琶湖生態系の食物連鎖上の動物の窒素同位体比も高く、イサザでは15〜16‰と高い値になっている（Topics8「窒素安定同位体が明らかにした富栄養化の歴史」参照）。

雨はどこから？

水分子には、水素と酸素が含まれており、その同位体比は、水の相変化、つまり、蒸発、凝結、凝固のプロセスを反映して変動する。降水の水素同位体比（δ^2H、δDと表記することもある）と酸素同位体比（$\delta^{18}O$）にはきれいな直線関係が見られ、天水線として知られている（図2）。日本の各地に降る雨では、年平均気温や標高と水素、酸素同位体比との間に相関が認められている。降水は、地表水や地下水となって川を流れ下るが、陸域での水の流れや起源を解析する水文学研究にとって同位体分析は重要な手法となっている。

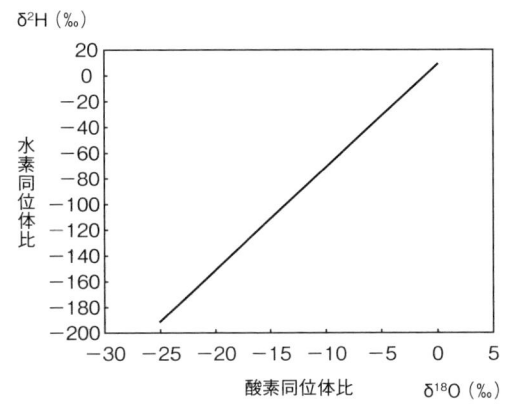

▲図2　天水線。Craig（1961）が、降水の水素と酸素の安定同位体比の関係を $\delta^2H = 8 \times \delta^{18}O$ という式で表した。この式を天水線と呼んでいる

Topics 8 窒素安定同位体が明らかにした富栄養化の歴史
琵琶湖

吉岡崇仁

堆積物に記録されていた富栄養化の歴史

　琵琶湖は、固有生物が豊富に存在する世界でも有数の古代湖であるとともに、下流の淀川を含む流域圏内には1400万人もの人々が生活し、人間圏に取り囲まれた湖沼でもある。1960年代以降の高度経済成長期に琵琶湖の水質は富栄養化をたどってきたが、この富栄養化の歴史は、窒素の安定同位体比（$δ^{15}N$値）の変化として有機物の中に記録されていた。

　窒素の安定同位体比（$δ^{15}N$値）とは、窒素15と窒素14の比が、ある標準物質からどの程度隔たっているかを千分率で示したもので、単位はパーミル（‰）で表される（安定同位体については、Topics7「安定同位体に聞く生態系の物語」を参照のこと）。

魚にも記録されていた$δ^{15}N$値の上昇

　堆積物に含まれる有機物の$δ^{15}N$値は、20世紀初めの4‰以下の低い値から50年ほどかけて約1‰上昇したが、1960年代以降顕著に増大し、1990年代半ばには8‰以上にまで達していた（次ページの左図）。この現象は、堆積物だけではなく、琵琶湖生態系における物質循環を通してイサザという魚の$δ^{15}N$値にも記録されていた。イサザは動物プランクトンやヨコエビなどを餌とする肉食性の魚であり、植物プランクトンの$δ^{15}N$値より約9‰高い値を持っている。このイサザのホルマリン固定試料が、20世紀前半から継続して保存されていた。その保存試料の$δ^{15}N$値を測定したところ、堆積物と同様に1960年代以降4‰前後上昇していることがわかった（次ページの右図）。

　この堆積物とイサザの$δ^{15}N$値上昇の原因は、琵琶湖集水域における人間活動の活発化によって、湖の流入する窒素の$δ^{15}N$値自体が上昇したこと、および富栄養化に伴って集水域内および湖内での有機物生産が活発となった結果、部分的な低酸素化が生じて脱窒が起こったためと考えられている。琵琶湖に流入する窒素の約半分が脱窒作用に

Topics8 窒素安定同位体が明らかにした富栄養化の歴史

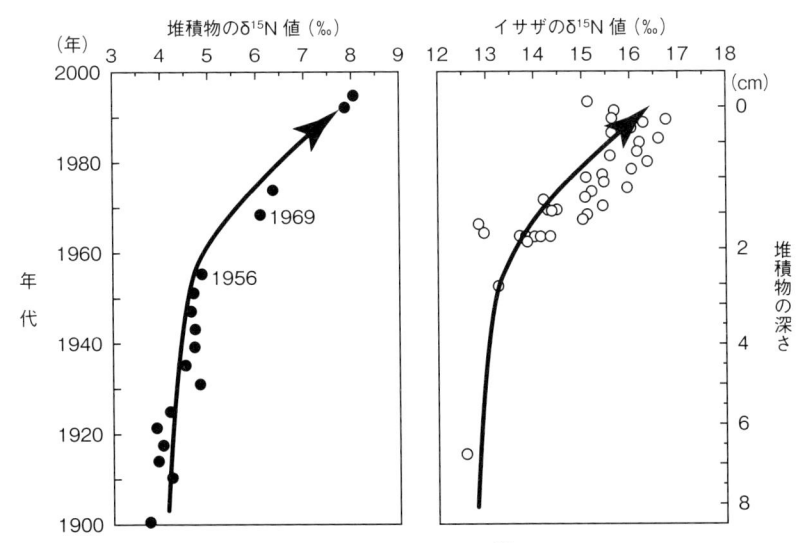

▲図 琵琶湖湖底堆積物のδ¹⁵N値（左）とイサザ固定試料のδ¹⁵N値（右）。出典：Ogawaほか（2001）より改変。図中の矢印は引用者。堆積物の深さは、放射性鉛同位体（^{210}Pb）の測定によって年代に読み替えているため、均等な目盛りにはなっていない

よって消失していることが、NO_3^--N の δ¹⁵N 値の解析などからも示唆されている。このように、琵琶湖の富栄養化は、20世紀に入ってから徐々に進行していたと思われるが、1960年代以降その速度を増したことが、有機物に残された窒素安定同位体の記録から推測することができる。この富栄養化の進行は、集水域人口の推移ともよく一致しており、人間活動が琵琶湖生態系に影響を及ぼしてきたことがよくわかる。

安定同位体組成は環境モニタリング項目として有効

現在の琵琶湖は、広域下水道の整備や合成洗剤不使用などの活動によって、水質は改善しつつあるが、COD（化学的酸素要求量）が依然として環境基準（1 mg/L以下）を満たさず、むしろ増加傾向にあるという。また、最近は、温暖化の影響で春先の湖水の全循環が弱まり、深水層の低酸素化が起こるのではないかと危惧されている（Topics1「湖沼や河川に見る温暖化」参照）。同位体解析によって明らかとなった富栄養化の歴史は、今後の湖沼環境を考えるうえで示唆的であり、イサザなどの生物のδ値は、環境モニタリング項目として有効である。

安定同位体組成は、自然生態系の中で変動するだけではなく、人間活動によっても大きく変わることから、陸水域における人間活動の影響評価などに応用が広がってきている。同位体解析は、これからさらなる展開が期待される分野である。

Topics 9 森と川と海のつながり

鎌内宏光

森と川の食物網のつながり 〔季節による生産性の逆転と波及効果〕

　日本では、すべての川は森から流れ出ると言える。川の源流域では、森と川という二つの生態系の関係が季節的に変化しながら相互に影響し合っている。例えば、樹冠が発達した落葉広葉樹林帯の渓流の食物網を季節ごとに見てみよう（右ページの図）。

　落葉〜雪解け期：樹木が落葉して森からは陸生昆虫が姿を消し、これらを餌にしていた小鳥のほとんどは南に渡っていく。川では、落葉や、日光によって増えた藻類を餌として水生昆虫が成長し、魚はこれらの水生昆虫を食べる（図の左）。

　雪解け〜芽吹き期：川では成長した水生昆虫が羽化する。樹木の芽吹き前なので森には陸生昆虫は少ないが、繁殖を控えた小鳥が渡って来て、羽化した水生昆虫を渓畔林で食べる。また、コウモリやクモなどの陸上捕食者も羽化昆虫を食べる（図の中央）。

　芽吹き〜落葉期：森では樹木が芽吹いて陸生昆虫が増え、その一部は川に落ちる。鳥は森に分散して陸生昆虫などを餌に繁殖する。川では渓畔の樹木が光を遮断するので藻類が減少するが、魚は落ちてきた陸生昆虫を食べる。同時に光遮断によって渓流の水温は低く保たれる（図の右）。

　こうしてみると、1）生物や物質は生物生産（光合成や落葉分解）が高い生態系から低い系に移動しており、2）季節によって移動方向が逆転し、3）移動を受けた生態系の構造（食物網や物質循環）や生物の習性が大きく変わる。

　ほかにも、倒木が川底を削って淵をつくることで魚などに生息場所を提供したり、川で産卵して死んだサケの養分が森の成長を促したり（次項）、森林性昆虫が寄生虫の繁殖のために行動を操作されて川に飛び込み、結果的に魚の餌になるなど、森林と渓流は密接に関連し合っている。

サケによる陸上生態系への影響 〔海から森へ〕

　サケ科魚類の卵は淡水でないとふ化できないため、海で成長したサケは川に戻ってき

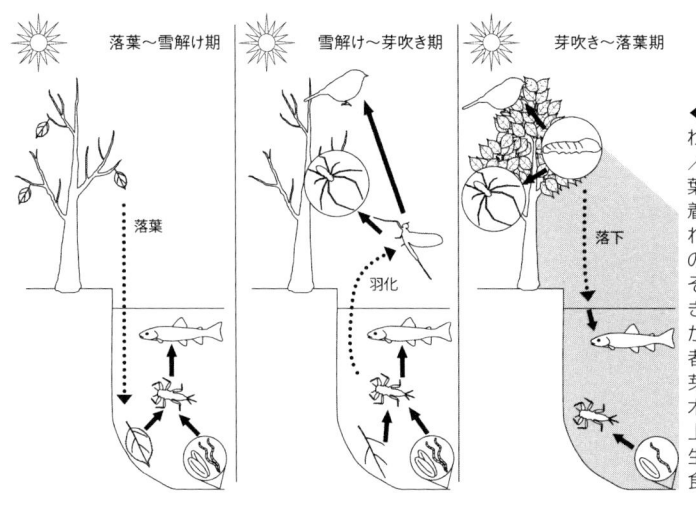

◀図 季節ごとの食う・食われる関係（矢印）と物質／生物の移動（点線）。落葉期から雪解けまでは、付着藻類と陸上からもたらされた落ち葉を餌とした河川の生物生産が高まる（左）。その結果、雪解けから芽吹き期には成長した水生昆虫が羽化して、陸上の捕食者に餌を供給する（中央）。芽吹き期から落葉期には樹木が光合成を行うので、陸上の生物生産が卓越し、陸生昆虫が落下して河川の捕食者に餌を供給する（右）。

て産卵して一生を終える（遡河性）。サケの死体に含まれる海由来の窒素やリンなどの養分は、川で藻類の増加や落葉分解の促進を通じて水生昆虫や魚の成長を促進するだけでなく、猛禽などの鳥類や、クマ、キツネなどのほ乳類といったサケを食べる動物によって陸上に運ばれて、渓畔の植物の成長に貢献しているといわれている。

地球規模での魚類の生活史の違い　ウナギとサケ

　ウナギなどの降海性魚類は、サケなどの遡河性魚類とは反対の生活史を送っている。例えばニホンウナギはグアム近海で生まれ、ふ化して黒潮に流されながら成長して幼魚（シラスウナギ）になる。河口にたどり着くと川をさかのぼって陸水域で十分に成長し、産卵のために海に降る。

　地球全体で見ると、赤道付近では温度が高く日射量も大きいので陸水での光合成は活発で生物生産は大きいものの、海洋は栄養塩濃度が低いことから生物生産が小さいため（例えば黒潮）、陸水で成長するウナギ型の生活史が進化しやすい。一方、寒い地域では温度が低く日射も少ないので陸水の生物生産は小さいが、海洋では栄養塩濃度が高いことから生物生産が高いため（例えば親潮）、海で成長するサケ型の生活史が進化しやすい。そして温帯域には、環境に応じて二つの生活史を使い分ける魚が生息している。例えばヤマメは北日本では降海してサクラマス（降海型のヤマメ）に、比較的暖かい地方では一生を渓流で過ごすヤマメとなる。

Topics 10 官民一体となった流域管理
赤谷プロジェクトの挑戦とその波及

藤田　卓・朱宮丈晴

　川の自然を守るためには、川の中だけでなく、川の水の源となる流域全体の管理まで視野を広げる必要がある。こうした観点から、官民一体となった流域管理プロジェクトについて、赤谷プロジェクトの活動を中心に紹介する。

全国初の生物多様性保全型国有林管理と治山ダム撤去（赤谷プロジェクト）

　首都圏の水源に当たる利根川上流部、群馬県みなかみ町に「赤谷の森」と呼ばれる1万ha、山手線内側の約1.6倍に相当する広大な国有林がある。この森では、地域住民から組織された地域協議会、林野庁、NGO（日本自然保護協会）が協力して、これまで木材生産を中心とした森林管理から大きく転換し、本来あるべき自然の復元と持続的な地域づくりを目指した森林管理を進める「赤谷プロジェクト」が2004年から開始された。
　このプロジェクトの特徴は三つある。最大の特徴は、この森に生息する猛禽類やほ乳類、植生、渓流環境等の調査などプロジェクトの成果を国有林の5カ年の管理計画（地域管理経営計画）に反映し、森林管理を実施することができるようになったことである。各分野の調査の結果、森の健全さを表すイヌワシ、クマタカの繁殖成績は良好である一方で、以前は山奥でしか見られなかったニホンザルが人里に出没して農作物被害が生じていたり、防災上必要とされ設置された治山ダムがイワナやカワネズミの生息する渓流の連続性を分断していたりと、いくつかの課題が浮かび上がってきた。これらの課題を踏まえて望ましい森林の将来像は、"本来あるべき生態系を持つ自然林"とし、2011年には、約2900haあるスギやカラマツなどの人工林の約3分の2（約2000ha）を自然林に復元することを明記した、全国初の生物多様性保全型の管理計画を策定した。
　しかし、生物多様性保全型の森林管理は前例がなく、その手法は確立されていない。そのため、赤谷の森で実施する事業は、その時点で最も良いと考えられる手法を実行し、事業の途中段階で様々な調査結果を検証しながら、管理手法を見直す「順応的管理」の

考え方に従い実行することとしている。例えば、2009年に全国で初めて治山ダム中央部撤去を行ったが、今後、生物への影響や土砂流量などを調査して、ダム撤去の効果や安全性を検証していくことになっている（右図）。

これも全国初！　市民参加による国有林管理計画づくり

　二つ目の特徴は、市民参加によって国有林の管理計画を策定したことである。計画の初期段階から住民が参加し、国有林の管理計画を策定した全国初の取り組みである。市民参加によって、地域の水源の保全や、エコツーリズムの推進、外来生物の侵入防止やナラ枯れ・農林業被害対策のために、周辺の民有地・公有地との連携などが新たに盛り込まれた。

　三つ目の特徴は、プロジェクトの活動は、関係者の教育機会として位置づけられていることである。例えば、調査研究活動は、専門家だけでなく、様々な主体が参加するような工夫が織り込まれている。また、「将来にわたっておいしい水を飲む」ため、地域の水源の森（赤谷の森の西部を流れるムタコ沢流域）において、市民が参加して間伐を進めたり、水質を調べたりするなど、地域協議会が主体となった定期的な活動「ムタコの日」も行われている。

▲図　防災と渓流環境復元のために、既存の治山ダムの中央部を撤去した。全国初の事例である。これに伴う土砂流出や、生物多様性に与える影響（渓流に特有のイワナなどの魚類、水生昆虫、カワネズミ、渓畔林など）を調査したデータに基づき、防災と渓流環境復元の両立を可能にする治山事業についての研究を進めている

官民一体となった流域管理プロジェクトの波及

　国有林は、日本国土の20％を占める重要な森林である。赤谷プロジェクトが発足した翌年の2005年、赤谷プロジェクトに続き、宮崎県綾町の照葉樹林において、てるはの森の会（市民団体）、綾町、宮崎県、林野庁、日本自然保護協会の5者が協定を結ぶ「綾の照葉樹林プロジェクト」が発足した。その後も小笠原などの各地の国有林において、生物多様性を取り戻すために多様な主体が連携する流域管理プロジェクトが開始されている。

Topics 11 河川整備に住民の声を反映させるために

宮本博司

住民の意見が反映されない河川整備計画

　1997年に、河川法が大きく改正された。法律の目的に、従来の治水および利水に河川環境の保全と整備が加わった。また、ダムや堤防をつくるなど、具体的に河川の整備の計画をつくる際、学識経験者や自治体の意見を聴き、住民の意見を反映させるという制度が盛り込まれた。

　あれから14年が経ったが、本当に河川整備の計画に住民の意見は反映されたのだろうか。私のかつての職場であり現在の生活の場である淀川では、新河川法に基づき、流域委員会が設置され、私は淀川河川事務所長として委員会を立ち上げ、退職後には住民の一人として委員会に参加した。当初は川を管理する行政と学識経験者や住民との間で意見の交換を行いながら計画を決めていった。その結果、ワンドやヨシ帯の再生、魚道の整備など住民の意見に沿った整備が行われ、さらに画期的なことには、事業中のダムの実質的な中止までが決定された。

　ところが、行政と住民との間の望ましい関係は長続きしなかった。2007年2月に委員会が一時中断され、その年の8月に再会された委員会には、それまでの合意とは相容れない計画原案が国土交通省から提示された。委員や住民と国土交通省の間で、提示された原案について激しい議論が交わされたが、方針を変えたことについての十分な説明がなされないまま、とうとう委員会は任期切れに至り、実質的には議論は止まってしまった。

　淀川だけではなく、大規模な工事が予定されている他の河川においても、住民が計画に疑問を抱き、国や県に資料を求め、質問をし、改善の意見を出している例が多いが、役所からは、十分な資料が公開されず、質問に対して適切な答えもない。また、意見を計画に反映させる保証はなく、聞き置くだけという状況が見られる。特に、ダム建設のような河川計画の根幹に関わる問題については、これまでのところ淀川をはじめ、全国の川で全く住民の意見は反映されていない。

なぜ住民の意見は反映されないか

　計画に住民の意見が反映されない理由は、国や県が計画の原案をつくり、住民も参加できる流域委員会に提示した段階で、結論を変えようとしないからである。住民との意見のキャッチボールを通して提示した原案の見直しが行われるのが新河川法の趣旨である。したがって、堂々と資料を出し、住民の意見に真摯に耳を傾け、かみ合った議論をすればよいのである。ところが、結論を変えようとしない役所の頑な姿勢が、住民からの疑問や意見に対して、「隠す」、「ごまかす」、「逃げる」、「ウソをつく」ことになり、住民の不信感を募らせるのである。

　今後、ダム計画の見直しを含めて、全国的に河川整備計画の見直し議論が始まると言われている。しかし、国や県がはじめから結論は変えないという姿勢であれば、いくら見直し議論が行われても、これまでの繰り返しになり、何も変わらない。

行政と住民がかみ合った議論を保障する仕組みづくり

　では、新河川法の趣旨が活かされて、国や県に、住民の意見を計画に反映することを保障させるためには、どうすればいいのか。計画に対する住民からの疑問や意見について、誠意ある対応をしていないと判断されたときには、計画についての説明責任が果たされていないとして、問題となっている事業の中止・凍結をするという、わかりやすく誰もが納得できる仕組みをつくることである。公共事業は、住民のために、住民の税金で行われるものである。住民に説明できない事業は、実施しないことは当然である。このような仕組みができれば、国や県も事業を行うためには、住民としっかりとかみ合った議論をせざるを得なくなる。

　一方、国や県の職員も決められた結論にこだわって、割り切れない思いで仕事をすることから解放される。改正された河川法に命を吹き込むためには、「これしかない」と、私は考えている。

▲図　淀川流域委員会の審議の様子

Topics 12 バイカル湖の湖底堆積層が物語る1000万年以上の環境変動

河合崇欣

世界で最も古く、最も深い湖であるバイカル湖

ロシアの中央シベリア、モンゴルとの国境に近い辺りに、タイガ（亜寒帯針葉樹林）に包まれるようにしてバイカル湖はある。この湖は、世界で最も古く（3000万年）、最も深く（1637 m）、最も貯水量（容積）が大きい（2万3000 km^3）、清澄な淡水湖である。高緯度（北緯51度28分〜55度56分）にあるため、気候の変化が激しく現れる。また、平均海水面から1200 mも低い湖底まで淡水で、しかも生物が生活をするのに十分な量の酸素が溶け込んでいる。生息する生物は、植物が約1000種、動物が約2500種が確認済みで、この7割弱がバイカル湖の固有種である。

1000万年以上にわたる長期の環境変動解析

湖底の堆積物は上へ上へと積もっていくので、湖水に覆われて浸食を受けなかった所では非常に連続性の良い長期の歴史記録が保存されている。層を乱さないように柱状試料（コア）を採って、堆積層の年代を決定し、各層に含まれている花粉、珪藻殻、バクテリアなどの種類と量、いろいろな有機化合物の含有量、安定同位体組成、鉱物組成や粒子の大きさ、無機元素の含有量、比重や含水率、電気伝導度、帯磁率（物質の磁化の強さと磁場の強さの比）や地球磁場の記録（角度や大きさ）などを測ると、それぞれに特徴的な周期を持った変動が示される。その結果から、気候の歴史的変化とともに生物相の変化などが見えてくる。バイカル湖のアカデミシャンリッジから採取した600 mの柱状試料は、現在から約1000万年前までの歴史を連続的に記録していた。

環境変動を乗り越える生物の生命力

環境の変化に対する生物の適応（生存継続）能力という点から、興味深い三つの結果を示す。

①約6500万年前頃、恐竜の絶滅とほぼ同じ時期に、最後の無氷河時代から現在の氷

Topics12　バイカル湖の湖底堆積層が物語る1000万年以上の環境変動

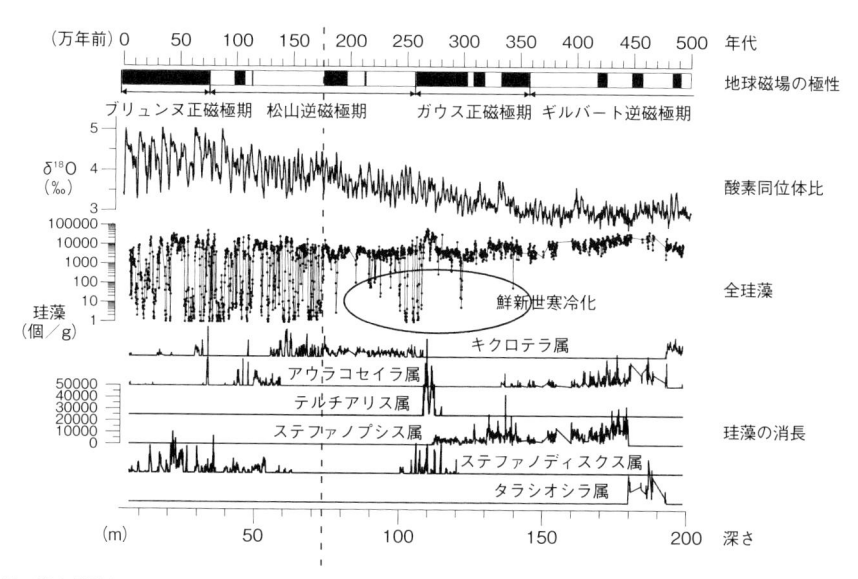

▲図　湖底堆積物から見る過去約500万年の気候変動と珪藻の消長。キクロテラ属、アウラコセイラ属、ステファノディスクス属が、100万年もの間不在だった後に再度増殖したことが読み取れる。出典：Goldbergほか(2002)

河時代に向かって地球の気候が冷え始め、約1500万年前頃から南極氷床が拡大し、バイカル湖の周辺でも270万年前頃から約4万年周期で氷期－間氷期の交代が見られるようになった。1000万年前から現在に至るまでの間に、非常に大きい気候の変化（寒冷化と氷期－間氷期交代の時代へ）があったが、現在バイカル湖の周りに見られる植物はすべて1000万年以上前から生き続けてきたものばかりである（一部、消滅したものはある）。

②珪藻の中には、100万年のオーダーで出現・消滅を繰り返すものがあり（上図）、100万年待っても「絶滅」を断定することはできない場合があるようである。

③150万年くらい前の堆積層から生きた（培地で増殖してコロニーをつくる）バクテリアが数十種見つかった。いずれも現在のバイカル湖周辺では全く見られない。これらが、湖底の隆起などによって地表に出る機会があれば、100万年の時を超えて再度増殖をする可能性がある。

バイカル湖には、長い時間をかけて進化・適応を遂げ続けた結果、数百以上にも及ぶ種を擁するヨコエビも生存している。環境変動と生命の継続との関わりについて、まだまだ多くのことを知ることができそうな湖である。

Topics 13 陸水生態系における生物多様性の危機と再生の理念

國井秀伸

陸水生態系における生物多様性の危機

　環境省が2010年5月に取りまとめた生物多様性総合評価報告書には、国内で過去約50年間に生物多様性の危機をもたらした人間活動による負の要因に関する有識者581名のアンケート結果が載せられている。このアンケートは、あらかじめリストアップされた23の影響要因から、主要な要因と考えられるものを選ぶという形式で行われたもので、上位を占めたのは「湖沼・河川・湿原の開発」、「沿岸の開発」、「外来生物の影響」といった要因であった。そして、生物多様性の損失はすべての生態系に及んでおり、特に陸水生態系、沿岸生態系そして島の生態系における生物多様性の損失の一部は、今後、不可逆的な変化を起こすなど、重大な損失に発展する恐れがあると結論づけた。危機的な陸水生態系の生物多様性を、今後どのように再生すればいいのだろうか。

生物多様性保全と自然再生

　1992年にブラジルのリオ・デ・ジャネイロで開催された地球サミット（正式名称は「環境と開発に関する国際連合会議」）において、地球温暖化防止を目指す「気候変動枠組条約」と、生物資源の持続可能な利用と生態系保全に関する「生物多様性条約」が調印された。日本もこれら二つの条約を締結し、1995年に「生物多様性国家戦略」を策定した。2002年3月には「新・生物多様性国家戦略」を策定し、そのなかにおいて「自然再生」を「保全の強化」および「持続可能な利用」とともに、今後展開すべき施策の大きな三つの方向の一つとして位置づけ、さらにその具体策である自然再生事業の推進も規定した。このような状況のもと、「自然再生推進法」が2003年1月から施行されることとなり、ようやく日本でも失われた自然を取り戻し、生物の多様性を保全する時代となった。

　自然再生推進法は、行政機関、地方自治体、地域住民、NPO、そして自然環境に関し専門的知識を有する者など、地域の多様な主体の連携により、河川、湿原、干潟、藻場、里山、里地、森林、サンゴ礁などの自然環境を保全、再生、創出、または維持管理

することを求めている。自然再生の基本理念は第3条に示されているが、その鍵となる言葉は、「地域の和」(多様な主体の参画・連携による合意形成)、「科学の目」(科学的知見に基づく実施と順応的な管理)、そして「自然の力」(自然の回復力の長期的な手助け)である。自然再生は、2010年3月に策定された「生物多様性国家戦略2010」においても、生物多様性の保全および持続可能な利用に関する行動計画の一つに挙げられている。

中止された宍道湖・中海の干拓・淡水化事業

　八岐大蛇の伝説で知られる中国山地の斐伊川の下流部に、淡水と海水の入り混じる汽水の湖、宍道湖と中海が位置している。これら二つの汽水湖では、農地造成と灌漑用水確保を主な目的として、干拓・淡水化事業が1963年に開始された。しかし、1970年代以降の社会情勢の変化に伴う減反政策や、漁業者をはじめとする淡水化反対の住民運動の高まり、そして淡水化すれば水質の悪化や環境への影響が大きいことを専門家が指摘したことなどから、淡水化の試行は1988年に凍結され、その後2000年に干拓事業は未完のまま中止された(図1)。

　この時期、宍道湖では、特産の二枚貝ヤマトシジミや内湾性の魚コノシロの大量斃死、中海では赤潮の大発生が問題となっていたが、事業中止後、両湖はラムサール条約の登録湿地となり、干拓・淡水化から一転して水域としての賢明な利用(ワイズユース)が求められることになった。ちょうどこの頃に成立した法律が、疲弊した宍道湖と中海の生態系をよみがえらせるためにうってつけの「自然再生推進法」であった。

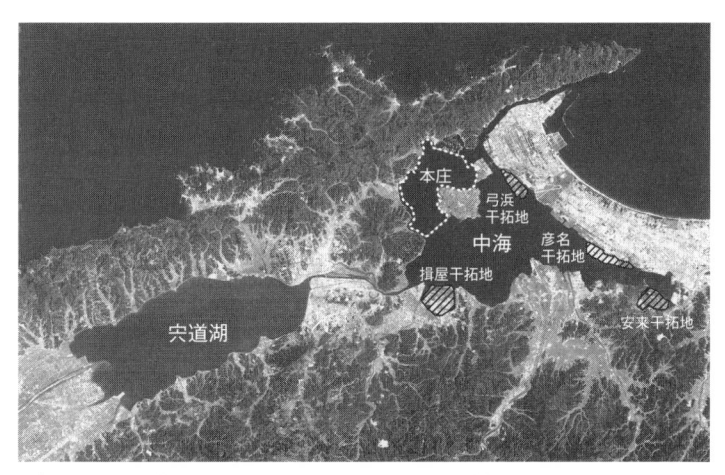

▲図1　衛星(Landsat/TM)から見た宍道湖・中海。中海では、斜線で示した4カ所で干拓工事が行われ、最後の干拓予定地であった本庄工区(白い破線で示した部分)のみが堤防で囲まれた水域として残された

科学的な知見が自然の再生に求められている

　自然再生推進法にのっとって自然再生を行う場合、実施者はまず多様な主体で構成する協議会を設置し、そして自然再生の全体構想並びに実施計画を作成した後に、自然再生事業を実施することになる（図2）。そこで、宍道湖・中海周辺で活動する地域住民と地元研究者は、協議会の事務局を担当するためのNPO法人「自然再生センター」を2006年3月に立ち上げ、翌年6月には、まずは環境が宍道湖に比べて一段と悪化している中海の再生を目指すということから、関連する行政機関や自治体も加わった法定の協議会、「中海自然再生協議会」を設立した。

　2010年12月現在、この中海自然再生協議会を含めて全国で22の法定の協議会が設立されているが、このうちの7割近くの14の協議会は、全国各地の湿原や河川、湖沼の自然再生を目標として設立されている。このことは、陸水生態系における生物多様性の危機が深刻であることを示した生物多様性総合評価報告書のアンケート結果とも一致する。自然再生事業は、科学的知見に基づいて、人間が損なってしまった生態系や自然環境を取り戻すことを目的として行われるものである。したがって、自然再生に果たす研究者の役割、特に各地の湖沼や河川を対象に調査・研究を行っている陸水学者の役割と責任は大きい。

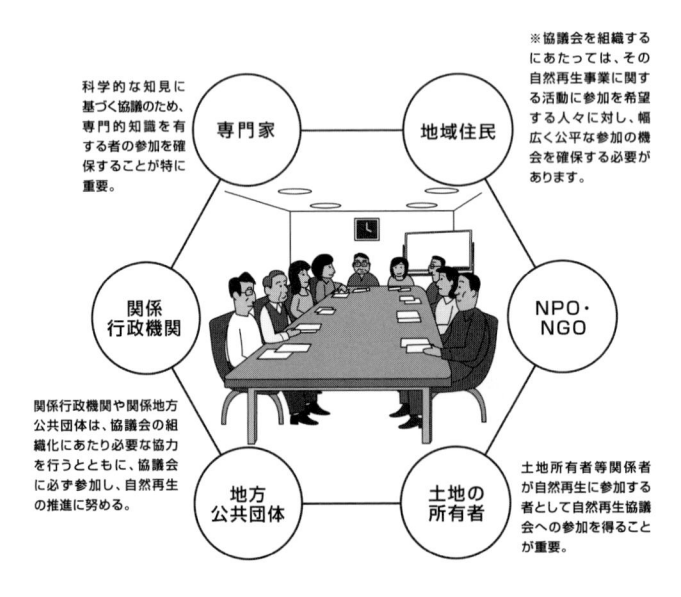

◀図2　自然再生協議会のイメージ。自然再生事業の実施者は、その事業の目的や内容を示し、その地域の自然再生事業に関する活動に参加しようとする者に、広く自然再生協議会への参加を呼びかける。
自然再生協議会における事務としては、自然再生全体構想の作成、自然再生事業実施計画の案に関する協議、自然再生事業の実施に関わる連絡調整、モニタリングの結果の評価と、それを事業に適切に反映するための方法についての協議等がある（環境省パンフレット『自然再生推進法のあらまし』(改訂版)より
http://www.env.go.jp/nature/saisei/network/relate/li_4_2.html）

Topics 14 モク採りと里湖

平塚純一

中海のモク採りの実態

　島根・鳥取両県境に位置する汽水湖中海は、かつては総面積約1万haのうち、水深3m以浅の浅瀬が約2000ha存在した。その多くはモク（海草・海藻など沈水植物の総称）の茂る広大な藻場であった。「モク採り」とは農地に肥料として施肥する目的でモクを採集することであり、モバ桁という爪のついた採集具を湖底に沈めて舟で曳いたり（図1、2）、挟み竹という竹を2本縛った採集具で絡め採ったりするのが普通であった（図3）。水中に入って鎌で刈ったり、熊手状の漁具で掻き集めたりすることもあった。浜に打ち上げられた「寄りモク」は積極的に拾い集められた。沿岸住民の多くが様々な形でモク採りに関与しており、自給用肥料を確保するため、季節的に採集されるのが普通であったが、船団を組んだ専業者集団も存在していた。鳥取県側では問屋など流通体制も整えられて、モクは安価な金肥として売買されて貴重な現金収入となった。

　採集量は1日600kgぐらいが普通であるが、専業者の中には4トンも採集する者もあった。モクはカリ肥料として用いられ、除塩せずにそのまま土中に鋤き込んだり、敷き肥として用いられた。特に砂質の地帯ではモク肥料に依存した農業経営が展開され、食料用の芋、麦、葉物野菜のほか、換金作物の綿花や桑の肥料としても多用された。明治期の鳥取県側の村の記録では、毎年1ha当たり12トンのモクを施肥しており、これは肥料総量の7割にも当たる。1940年代末、鳥取県側のモクの総採集量は5万6000トンと記録されており、藻場の面積とその生産量、島根県側の漁船数、聞き取り情報などから当時の中海全体のモクの総生産量を推定すると、毎年約10万トンにも及んだことがわかった。

里湖としての機能

　モク採りは沿岸住民の生活に組み込まれた重要な生業であり、モクに依存した農業経営の普及、肥料の供給地である藻場の持続可能な利用に配慮した操業などを含むモク採

第二部　陸水学の今がわかるトピックス 24

▲図1　モバ桁を使ったモク（アマモ）の採集。昭和初期。写真提供：鳥取県境港市教育委員会

▲図2　モバ桁。写真提供：米子市彦名公民館

り文化が形成された。藻場の規制・管理は乱獲を防ぎ、藻が密生するのを防ぐなどバイオマニピュレーション（生態系操作）効果を促し、湖沼全体の生物生産性や多様性を向上させた。さらにモク採りは、湖沼が流域から収集した栄養塩をバイオマスを介して水域から陸域に効率的に戻す人為的物質循環システムであり、湖沼の水質浄化に大きな貢献をした。中海のモクの総生産量10万トンがすべて中海のモクの主体であったアマモと仮定すると、この中に含まれる栄養塩は窒素109トン、リン23トンとなる。これは、現在の流入負荷量における窒素の1164トンに対して9％、リン116トンに対して20％に相当する。

　高度経済成長以前の栄養塩の流入量は、現在よりははるかに少ないと考えられる。そのうえ、かつては漁業も盛んであり、食料に加えてそれ以外の雑魚など直接食料としな

いモク以外の多くのバイオマスが農地に施肥されていた。これらのことを考慮すると、流入する栄養塩の多くがこのシステムにより水域から効果的に除去されていたことが理解できる。モク採りは日本各地で行われており、当時の湖沼と沿岸住民との関わりは、丘陵地帯における農村と里山の関係とほぼ同じであった。このことから著者はこれを「里湖（さとうみ）」と名づけたい。

里湖システムの崩壊と湖沼の環境悪化

　1950年代半ば以降、高度経済成長に伴う農業近代化と化学肥料の普及によりモクの肥料としての価値は失われ、労働集約的なモク採りは消滅した。里湖による水質浄化システムが崩壊したうえに、流入負荷も増大し、さらに除草剤の多用はモクの全国的な衰退や消滅を招いた。多くの湖沼ではモクに代わって植物プランクトンが増加することで透明度が低下し、湖底では酸欠部分が拡大するなど水質悪化が加速化し、漁業資源は減少した。今後、湖沼の再生が現実となれば、植物プランクトンに代わってモクが復活してくることになろうが、その管理制御と環境保全には、かつてモク採りを中心に成立していた里湖から学ぶことも多いのではなかろうか。

▲図3　現代でも行われている中海のモク採り。捨石に繁茂する褐藻類のウミトラノオを湖岸から「挟み竹」を使って絡め採る

Topics 15 道楽からサービス業へと変わりゆく河川漁業

山本敏哉・梅村錞二

川の漁業の主役としてのアユ

　日本の河川漁業で最も重要な魚種はアユである。アユは河川の中流域を中心に分布し、付着藻類という大量にあるにもかかわらず、一部の魚類にしか利用できないエサ資源を利用するニッチ（生態的地位）を獲得したこともあって、初夏から秋にかけて日本の多くの河川で優占種となる。著者らが研究のフィールドとしている愛知県の矢作川でも、漁獲統計上は、9割以上がアユで占められている。日本の中心に位置し、中規模な一級河川（幹川流路延長118 km）の事例は国内の多くの河川と共通した点もあると思うので、ここでは矢作川のアユを取り巻く河川漁業とその変遷について紹介したい。

道楽と生業の二面性を持ったアユ釣り

　矢作川の漁業史の全貌を書き記した環境漁協宣言（2003年）によれば、かつての豊かな河川漁業が営まれていた時代として、1935（昭和10）年から1960年頃まで記されている。当時は、アユをはじめ、今とは比べものにならないほど多くの魚が川で見られた。矢作川でのアユの漁法は釣り、網、梁などいくつかあるが、最も盛んに行われ、かつ人々の関心の高かったのが、おとりを使った漁法である友釣りであった。

　昭和10～20年代にかけての釣りの様子は、今でも当時を知る人からうかがえる。まだ会社に勤める人も少ない時代、釣り人は顔見知りの地元の人だけであった。まばらにしか釣り人がいない川では、安定してアユが釣れた。さらに、矢作川のアユは味がよいとの評判が立ち、名古屋の市場では高値で取り引きされたという。アユを釣って生計の足しにしていた人も少なくなかった。ただ、単なる生業と異なり、道楽としての色彩が濃いものであった。江戸時代、河川漁業が「殺生」と呼ばれていたことを引きずるようにして、川の魚を捕る行為はあまりいい目で見られることはなく、地域の一部の人による楽しみであった。

▲図　初夏に友釣りでにぎわう矢作川中流（昭和40年代）

河川環境の悪化と釣りのレジャー化

　そのアユ釣りは、高度経済成長期以降に大きく様変わりしていく。陶土産業の興隆によって、川が白濁化する期間が長く続いた。上流には大型のダムがつくられ、アユの回遊が阻害され、淡水魚にとっては受難の時代となった。アユのサイズが小型化し、釣れなくなるのに伴い、釣り人も川から遠ざかっていった。

　この次期に、アユ釣り自体はレジャーとして人々の間で広まっていく。サラリーマンの増加と相まって、休日のレジャーとしての釣りが浸透し、矢作川も地元の人だけが入る川ではなくなった。川を降下する魚を捕らえる施設だった梁は観光地として見直され、多くの人が訪れるようになる。河川漁業はサービス業へ転換した。

　しかし、産業としての収益面では厳しく、平成以降はアユを放流しても釣れない不漁の年が目立って増えた。シーズン中にもかかわらず、釣り人がほとんどいない光景がしばしば見られている。釣りは、人が魚に触れることを通じて川の自然を知る最も気軽なレジャーである。河川環境の改善が重視されるようになった現在、週末に訪れる多くの人が昭和30年代以前のような楽しい釣りと、美味しいアユを味わえる川の再生を望みたい。

第二部 陸水学の今がわかるトピックス24

Topics 16 都市に翻弄される川
利根川

吉田正人

関東一の川、利根川

　利根川は上越国境の山々に源を発し、千葉県銚子市において太平洋に注ぐ、流域面積日本一（1万6840 km^2）の河川である。関東一の川という意味で、「坂東太郎」の異名を持つ。江戸時代初期には、現在の江戸川下流域を流れ江戸湾に注いでいたが、江戸幕府によって、常陸川と呼ばれていた川筋に流路を変更する工事が行われ、現在のように太平洋に注ぐ川となった。これを「利根川東遷」と呼び、洪水から江戸を守ることが目的であると説明されるが、利根川の歴史に詳しい大熊孝氏によれば、主たる目的は舟運の開発であったと言われる。

洪水対策、そして首都圏の水瓶として

　利根川にとって大きな転機は、1783年の浅間山噴火であり、火山灰の降下と流入により、利根川下流に大きな災害をもたらした。伊能忠敬が測量に携わったのも、洪水後の築堤と田畑の測量がきっかけであったと言われる。
　明治政府も、1910年の洪水をきっかけに築堤や調整池によって治水を進めた。田中正造が生涯をかけた足尾鉱毒問題も、洪水調整を兼ねた渡良瀬遊水地によって谷中村を沈める解決法がとられた。
　第二次世界大戦中、治水対策がとられないまま、1947年のカスリン台風の被害を受けた。その後、利根川下流では浚渫を中心とする治水対策がとられ、5000万m^{3}に及ぶ浚渫が行われた。その結果、河口から塩水が遡上し、1958年には水田の稲が枯れるほどの塩害をもたらし、塩止堰の建設を求める声が高まった。
　一方、東京都は増大する水需要をまかなうため、水源を多摩川から利根川に移した。1962年には水資源開発公団が設立され、利根川水系水資源開発基本計画が策定されると、矢木沢ダム（1967年完成）をはじめとする上流ダム群の開発が開始された。ダム建設を継続するか中止するかで問題となっている八ッ場ダムも、この計画に基づいて進

▲図　河口堰付近の利根川

められたものだ。1968年には利根川中流に利根大堰が完成し、利根川から東京都に利水する水路が整う。

　また、汽水であった霞ヶ浦を貯水池化する常陸川水門（1963年完成）、利根川下流部を貯水池化する利根川河口堰（1971年完成）がつくられ、利根川下流の自然環境は一変した。汽水域に生息あるいは海と川を回遊するシジミ、シラウオ、ウナギなどの魚類が激減し、ブラックバスやブルーギルなどの外来魚が優占する止水環境となった。マコモなどの抽水植物やエビモなどの沈水植物が姿を消し、植物プランクトンが頻繁に発生するようになってしまった。

生物多様性の回復を目指して

　1997年の河川法改正によって、国土交通大臣は流域住民の意見を聴いたうえで、河川整備計画を策定することになった。高度経済成長期とは違い、都市の水需要が急速に拡大することなく、工業用水の需要も頭打ちとなっている。この時期にこそ、大規模なダム建設は中止して、堤防強化など即効性のある治水対策に切り替え、かつてダムや河口堰の建設で失われた生物多様性を回復する計画を進めるべきであろう。常陸川水門や利根川河口堰など、河口域を塞いでいる堰の弾力的運用によって汽水域を拡大し、ウナギやアユ等の魚類が遡上できるような利根川に戻すことを期待したい。

Topics 17 首都圏を流れ東京湾に注ぐ大都市河川
多摩川

渡辺泰徳

都市河川多摩川

　多摩川は東京都と神奈川県の境を流れる延長約 140 km の中型河川である。水源は山梨県の山地で、上流域は深い渓谷を形成している。平野部に入ると多くの支流を集めて人口の多い市街地を流れ、高層住宅や工場地帯を抜けて最終的に羽田空港近くの東京湾に流入する。多摩川は江戸時代初期から飲料水源として玉川上水が建設されるなど都市の発達と切り離せない川で、明治以降も道路やビル建設のための川砂利採取、護岸堤防設置、下水処理水の流入、農業用水・上水採取による流量減少などによって大きく改変されてきた。

　多摩川では、地形、水質、河川生態などの陸水学的な基礎研究が多くなされているのに加え、治水と利水に関わる応用研究も、一級河川の管理担当である国土交通省や東京都をはじめとして、様々な行政機関で行われている。多摩川の河川敷環境と水質は、戦後の経済成長とそれに伴う環境保護の軽視によって、1960年代後半をピークとして悪化した。そして、その後の経済安定の結果、改善・改変されつつある現状は、社会情勢の変遷を見事に反映したものである。

　1997年の河川法改正で、河川管理の意義について、利水、治水に加えて環境保全の意義が加えられた。これは、良い環境を求める市民社会の要求が基礎になった結果である。陸水学諸分野でも「都市河川としての多摩川」の観点から研究が新展開している現状で、総合的な河川生態研究が進められている。

礫川原の衰退とカワラノギクの激減

　山地を侵食して形成される河川では、中下流部に大小の丸い礫が一面に広がった河川敷が発達する場合が多い。多摩川も本来そうなるべき川である。礫川原はそのままの状態で続くわけではない。もし、時々の大きな出水がなければ礫の間隙に砂が溜まり、植物が生え次第に樹林に遷移する。礫も出水のたびに上流から供給されるものと入れ替

わっているのである。この河川特有の環境は、河川筋における位置は変化しながらも永続的に成立していたので、そこに適応した固有の生物が進化している。礫にまぎれて営巣するイカルチドリやアジサシ、体色が礫模様のカワラバッタなどが代表的な河原固有動物である。植物では、上流から運ばれてくる種子が礫の隙間で発芽生育し薄紫色の花が咲くカワラノギクが秋の風物詩であった。しかし、礫川原が減少している現在、存続分布している河川は非常に少なく、多摩川はその貴重な生育地である。出水による礫川原の更新がないと、カワラノギクはほかの植物に負けてしまうのである。

都市河川では治水のため護岸堤防が強化され、ダムや堰の設置、さらに都市用水の取水による流量減少で上流からの礫供給が妨げられ、また、河川敷が冠水するほどの出水頻度がまれになっているので、礫川原は衰退し固有生物の絶滅にもつながっている。

礫川原復活に向けた市民参加の取り組み

多摩川中流部では、河川管理事務所と研究者が人為的に礫川原を復活させる取り組みを行っている。樹林化した河川敷を大型土木機械で削り、大小の礫を敷設する。水面からの高さを段階的に変えて、冠水頻度の影響によりその後の変化をモニターしているのである。これまでの結果は成功とも失敗とも言えない。景観が復活し、一部の生物は戻ってきたが、出水の頻度が多くなったわけではないので、この復元が今後とも自然に続くか否かは即断できないのである。カワラノギクの生育は順調とも言えるが、ほかの植物を除去するなどの管理が欠かせず、費用と労力の負担の問題がある。

このように、礫川原を存続させるためには、陸水学、河川工学、動植物の生態学とともに、社会科学の専門家と市民参加による共同作業が必要である。今後、水質と環境を改変させるために、様々な応用陸水学研究を進める必要がある。

▲図　カワラノギク（左）と、その保全のための市民活動。在来や外来の競合植物の除去などを行い、生育環境を確保する（右）。写真提供：倉本宣・岡田久子（明治大学）

Topics 18 日本最長の川
千曲川（信濃川）

沖野外輝夫

千曲川は日本一長い川の長野県部分

　日本一長い川、信濃川（幹川流路延長 367 km）の長野県部分 214 km を千曲川という。千曲川の水源は、甲州、武州、信州三国の境にある甲武信岳（標高 2475 m）の中腹、標高 2200 m 辺りの山腹から湧出する湧き水である。源流を降ると、高原野菜の産地として名高い川上村を経て、佐久、小諸、上田、長野、飯山の中小都市を貫流して長野県境に至り、県境を越え新潟県に入ると信濃川と名前を変える。

　千曲川の流域面積は 7163 km^2 で、その流域面積のおよそ 40% が千曲川最大の支流、犀川の流域面積である。犀川は北アルプスの槍ヶ岳（標高 3180 m）を源流とする梓川と、木曽地方の分水嶺から流れ降る奈良井川とが松本付近で合流し、犀川と名前を変え、長野市の東で千曲川に合流する流路総延長 160.7 km の大きな支流である。

　千曲川の中流域の特徴は、小諸から篠ノ井付近までは礫河原河川で、流路が網目状に形成されている。篠ノ井より下流になると礫が減り、粒径の小さな土砂が多く堆積し、流水によって浸食された河道は白波が立たない程度の平瀬状から、流れが緩やかで、水深の深いトロ状箇所が多く見られるようになる。

繰り返してきた洪水被害

　流域の降水量は上流の山岳域では年間 2000 ～ 3000 mm、平地部で 1000 ～ 1500 mm で、千曲川の下流部に当たる立ヶ花流量観測所の 1978 年から 1996 年の観測データによる平水流量（1 年を通じて 185 日はこれを下らない流量）は 127 ～ 283 トン／秒、年平均流量は 143 ～ 322 トン／秒である。しかし、この期間内での年間最大流量は 692 ～ 7400 トン／秒で、過去には洪水被害が多発した。中でも「戌の満水」と呼ばれた 1742 年の大洪水では、千曲川流域で死者 2800 名が記録される大被害をもたらした。流域各地に立つ洪水痕跡水位標は、ひとたび氾濫したときの千曲川の脅威を伝えている。

　近年では上流域でのダムや堤防などの河川改修が進み、洪水による被害は少なくなっ

◀図　千曲川中流域の典型的な河川景観。河川勾配は1/200程度（200mで1mの高低差）、河床には大礫、中礫が点在し、流路は網目状に流れている。写真は千曲市ねずみ橋付近の平水時に写したもの（1999年5月14日撮影）

ている。それでも、2004年、2006年には、氾濫危険水位を超える大出水が記録されており（2004年は観測史上4番目、2006年は観測史上2番目の水位）、家屋全半壊や床上床下浸水などの被害を出した。今後もさらなる洪水対策が望まれている。

地形的変化に富み、生産力も生物多様性も高い川

　犀川を含む千曲川の流域には長野県内人口のおよそ70％に当たる約150万人の人々が生活している。地域全体としては山林の多い地域であるが、高原野菜、水田、果樹栽培の多いのも地域の特徴で、工業を含む都市の人間活動と共に千曲川の性質に大きな影響を与えている。それらの影響で、千曲川中流域の水質は透明ではあるけれども、窒素、リン成分を多く含んでいる。特に、上田から篠ノ井地域にかけては栄養度の高い水が常時流れることで、礫河川に適した付着藻類による基礎生産力は極めて高い。この地域でアユやウグイなどの漁獲が多いのも、基礎生産力が高いことの結果である。

　しかし、上流域が山岳地域にあり、支流も多く、フォッサマグナの中を貫流している地域的な特性と、地形的変異に富んでいることから、未だに生物多様性の高い河川でもある。1991年度から始められた「河川水辺の国勢調査」によれば、魚類53種、貝類7種、甲殻類7種、水生昆虫類50種、両生類15種、陸上植物は木本、草本を含めて224種、陸上昆虫類917種、は虫類5種、ほ乳類12種、鳥類55種、総計1345種となる。これに河川水中での基礎生産の主役となる付着藻類と水生植物を加えると1400種以上にも及び、多様な生物群集が河川域に生息しているのがわかる。しかし近年は河川敷の樹林化が進み、本来の河川域植物種とは異なる種が侵入したり、外来生物の定住化が進んでいることが注目される。

第二部 陸水学の今がわかるトピックス24

Topics 19 ダムと河口堰問題に揺れる川
木曽三川

村上哲生

　濃尾平野の西を流れ伊勢湾に注ぐ木曽川、長良川、揖斐川を「木曽三川」と呼ぶ。江戸時代以前の三川は、下流部で分派、合流し、それらの複雑な川筋は大きな洪水のたびに変化し、川を治めることが難しかった。現在の川の姿に定まったのは、江戸時代の宝暦治水や、ヨハネス・デ・レーケによる明治の大改修以降のことである。今も残る輪中や、背割堤、治水神社などは水との闘いの址である。

木曽川 ダムに適した川

　木曽川は三川で最も大きく、御嶽や木曽谷が本川の源となる。大支川の飛騨川を合わせて名古屋市の上水道水源となっている。急峻な川であるため、谷は深く大規模な町は発達しなかった。

　一方、その地形を生かし、たくさんの発電用のダムがつくられてきた。木曽川本川の大井、読書などのダムは、明治・大正時代につくられた最も古いダムである。ダムに貯められた水は、発電所までパイプを通じて流される（図1）。そのため、ダムから発電所までの間では、本来の木曽川の水はほとんど流れなくなっている（図2）。例えば、御嶽の暮雪などとともに木曽八景の一つとされている「寝覚めの床」は、木曽ダムと上松発電所の間にある。江戸時代の図会には、豊かな水の流れが描かれているのだが、ダムに水を取られた現在では、著しく水位が低くなり、流れている水は、周りの小さな沢の水と町の排水である。昔の面影は失われ、水質も良くない。川の景観が変わってしまったことに加え、木曽川本川でつくられた電気は、中部ではなく、関西地方に送られ消費されているのも、地元の不満の種である。

長良川 ダムがなかった川

　長良川は木曽川に比べ傾斜が緩く、広い谷が発達してきた。上流から、白鳥、郡上八幡、美濃、関、岐阜の町が連なり、にぎやかな川筋である。長良川ではダムをつくる適

Topics19 ダムと河口堰問題に揺れる川

◀図1 木曽川読書発電所放流口。大正時代に福澤桃介(福澤諭吉の婿)によってつくられた発電所。重要文化財に指定されている。木曽川に残る最も古い水力利用施設の一つ

◀図2 読書発電所の上流の木曽川の様子。上流の読書ダムから発電所まで、木曽川の水はバイパス水路を流れるため、本川の流量は著しく少なく、干上がった川原が続いている。読書ダム放流水の豊かさと比較してほしい

地がないため、小規模なダムや堰しかなかった。「ダムのない最後の天然河川」長良川の名前が全国的に知れ渡ったのは、長良川河口堰問題をきっかけとしてであった。構想は1960年代にまで遡る。当初の計画は、河口にダムをつくり、無駄なく水を利用して、中京圏の経済の発展を支えようとするものであった。賛否の意見が調整されることなく1995年に河口堰は運用を開始したが、治水・利水の必要性、環境影響、費用負担、計画への住民参加など、川に関わる多くの問題が議論されたことは記憶されるべきである。

揖斐川 新たなダム問題、分水嶺を越えた導水計画

　揖斐川でも、上流に計画された大規模な徳山ダムの建設をめぐり、激しい対立が生じた。ダム完成後、徳山ダムの水を、天然の分水嶺を越えて、長良川、木曽川に流そうとする計画が公にされた。揖斐川だけではなく、三川を巻き込んで、再びダムについての議論が活発になりつつある。

　濃尾平野は木曽三川の吐き出す土砂によりつくられ、また人の定着以後も、川を通じた物資の輸送経路、上水道・農業・工業水源として、地域の発展を支えてきた。一方、人の安全と利用のために、自然の川筋は変えられ、川はダムが連続する特異な姿となってしまった。人と川の、いわゆる「共生」は簡単に達成されるものではない。

第二部　陸水学の今がわかるトピックス24

Topics 20　ワンドとヨシ原再生への取り組み
淀川

小俣　篤

ワンドの消失

　淀川流域は琵琶湖を擁し、流域面積は8240 km^{2}に及ぶ（日本第7位）。淀川はその流域の水を集め大阪湾に注ぐ、近畿地方を代表する一級河川である。

　淀川では、明治時代以降航路を確保する目的で川の流れを狭めて水深を確保する水制工が設けられた（図1）。それら水制工の間には穏やかな湾状の水域（ワンド）が形成された。しかし、昭和後期の河川改修による低水路の大規模な掘削により、淀川の河床は大きく低下し、低水路と高水敷という河川断面の明瞭な二分化をもたらした（図2）。その結果、洪水時の水位が大きく低下する一方で、多くのワンドが消失した。

ワンドの再生、そしてイタセンパラ再導入

　イタセンパラ（国の天然記念物）はコイ科タナゴ亜科の淡水魚類であり、淀川水系のシンボルフィッシュと呼ばれてきた。しかし、ワンドの消失に伴い、イタセンパラの生息環境は大きなダメージを受けた。淀川のイタセンパラが最後の生息地としていた城北ワンド群（図2）では、1990年代に確認生息数が危機的に減少し、さらにブルーギルの増加などにより、2006年以降ついにその生息が確認できなくなった。1990年代の半

▲図1　整備された水制工

▲図2　現在の城北ワンド群

ば以降、イタセンパラの生息に適した浅いワンドの新設、ワンドの干し上げ、ポンプ排水による水流・水位変動の再生、外来生物の駆除など、当地では様々な対策を施してきたが、その効果は一時的なものにとどまり、根本的な解決には結びつかなかった。

そこで、2009年度に研究者や行政関係者による検討を進めた結果、かつてのワンド環境を再生する試みがされてきたにもかかわらず、イタセンパラがこのままでは復活する可能性は非常に低いこと、河川区間によってはイタセンパラの生息環境がある程度整ったワンドが整備されたと評価できることなどから、再導入を試行的に実施するとの判断に至った。その検討にあたっては、日本魚類学会「生物多様性の保全をめざした魚類の放流ガイドライン2005」に沿って確認を行った。再導入は淀川河川事務所とイタセンパラを隔離保護してきた大阪府水生生物センターが共同実施者となり、関係機関の協力のもとで2009年秋に実施された。試行の成果は今後のモニタリングにより評価していく。

鵜殿のヨシ原再生、干潟の復元

鵜殿地区には高水敷（ふだんは水が流れず、洪水時に水が流れる部分）に淀川最大のヨシ原が約80haにわたり形成され、歴史文化的にも意義のあるヨシ原となっている。ここでも河川改修により、普段の流れはヨシ原より3m程度低くなり、出水による冠水が生じにくい状況になった。その結果、ヨシ原は衰退し、乾燥地を好むオギが優先するようになった。そこで、鵜殿のヨシ原の保全・復元のために、ヨシ原を河川水に近づけるため高水敷の切り下げを実施している。また、乾燥化した高水敷の環境改善のため、本川からポンプにより灌水する対策も併せて進めている。

淀川の河口から淀川大堰までの区間は汽水域である。昭和20年代の航空写真では汽水域の左右岸に干潟やヨシ原が形成されていたが、地盤沈下や高水敷造成の影響により4分の1程度に減少してしまった。そこで、水際に干潟やヨシ原の復元させるための対策として、高水敷の切り下げ、あるいは水際への浅場の造成を行っており、2010年度末現在までに約10haの干潟が造成されている（図3）。

▲図3 淀川下流部に整備された干潟

Topics 21 琵琶湖をめぐる「はしかけ」活動

大塚泰介

博物館を活性化させる市民による「はしかけ」活動

　滋賀県草津市の滋賀県立琵琶湖博物館は、「琵琶湖を総合的に理解するために必要な各種情報を集積・展示するとともに、人間と湖との共存関係を考え、情報や体験の交流の場となる博物館」として1996年に設置された。そのような博物館の存在基盤として何より重要になるのが、人間と湖に関わる研究や活動を行う人たちの広範なネットワークである。ネットワークを広げるための一つの手段として、琵琶湖博物館では2000年に「はしかけ」という登録制度をつくった。「はしかけ」とはもともと、男女の間に入って縁談のきっかけをつくる人を指す言葉である。人と人とをつなぐ役割という点で相通ずるものがあるということで、この名称がつけられた。

　「はしかけ」には、琵琶湖博物館の理念に共感し、共に活動を進めていこうとする意志を持っている人ならば、誰でも参加することができる。登録者は博物館を活用して研究や活動を楽しみ、そのことが博物館の緒活動をつくり上げる力になる。

　「はしかけ」は、ベオグラード憲章で示された「環境とそれに関連する問題に気づき、そのことに関心を持ち、そして現在の問題の解決や新しい問題の予防のために個人や集団で働くための知識、技能、態度、動機そして参加の意欲を持つ人々の世界的な数を増やす」という環境教育の目的を、琵琶湖地域において具体化するものとも言える。ベオグラード憲章は、1975年に作成された国際的な環境教育の指針である。その学習観は、論語の「これを知る者はこれを好む者に如かず、これを好む者はこれを楽しむ者に如かず」とも通底するものと言える。すなわち、知識を得ることは学びの入り口であって、得た知識を土台として自ら調べ、考え、そして実践することを楽しむことこそが、学びの到達目標だという考え方である。

　「はしかけ」は15のグループに分かれて活動しており（2011年3月現在、計300名登録）、活動内容も様々である。その中から、水生生物を調べてきた二つのグループを紹介する。

1万5000以上の地点から調査データを蓄積

「うおの会」は滋賀県の魚の分布を調査してきた。これまでほとんどが個人で魚とりをしてきた人たちがうおの会に集まったことで、まず同好の仲間たちとのつながりができた。そして、100名を超える人たちが、互いに魚の知識を伝え合い、魚とりの腕を磨き合いつつ、みんなで魚とりを楽しんだ。その結果として、滋賀県の魚の分布と環境条件との関係について多くの貴重な情報がもたらされた。その成果は博物館に集約され、論文や報告書として発表されてきた。そしてうおの会の活動は、さらに多くの人たちと連携して「琵琶湖お魚ネットワーク」へと発展し、これまでに1万5000地点を超える調査データを蓄積するに至っている。

こうした調査活動が広範に行われると、調査に参加していない地域の人たちの意識にまで影響を及ぼす。すなわち、調査を目にすること、調査参加者と会話をすることが、身近な水辺の環境を考え直す機会になるのである。

研究成果が学術論文に

「たんさいぼうの会」は、滋賀県内の湿原や河川で、単細胞の藻類である珪藻を調査してきた。琵琶湖博物館の顕微鏡で珪藻の顕微鏡写真を撮り続け、これまでに2万枚を超える写真を撮影して、その多くを同定してきた。その中には、琵琶湖集水域から初めて報告された種も多く含まれ、この地域の生物多様性の知られざる側面を次々と明らかにしている。例えば2006年には、環境省の「日本の重要湿地500」にも選定されている山門湿原（滋賀県長浜市、標高約290m）で初めてまとまった珪藻の調査を行い、130種もの珪藻が生息することを明らかにした。この研究成果は2009年に、珪藻学会誌『Diatom』に論文として掲載された。山門湿原から見出された珪藻には新種と思われるものが含まれるほか、高山・亜高山や寒冷地に生息するとされてきた種も含まれ、生物相の独特さを裏付けた。現在、さらに検討を進めているところである。

「たんさいぼうの会」は、このほかにも研究成果を学術論文として次々に発表している。特に、70歳近くなってから珪藻を学び始めた2名の会員が、それぞれ3本ずつの論文の主著者となったことは特筆すべきである。最近では、各地域で水辺環境の保全活動を進めてきた人たちの手引きで調査を行い、研究成果を地域の保全活動へと還元するという形で、地域との協働も進めている。

琵琶湖博物館は、こうした「はしかけ」の活動が進むよう応援してきた。そうすることで、自らの設置理念、およびこれと通底する環境学習の理念を実現するとともに、自らの博物館としての存在基盤をも強化してきたのである。

Topics 22 琵琶湖における農業濁水問題

谷内茂雄

農業濁水問題とは？

　毎年5月の連休の頃になると、琵琶湖沿岸の河口から煙のようにたなびく濁水が琵琶湖に流入するのが観測される（図）。この現象は1980年代から顕在化し、琵琶湖の「農業濁水問題」として認識されるようになる。濁水は、琵琶湖周辺に広がる水田地帯の代掻き作業で生じる泥を含んだ農業排水に由来するもので、水田の排水路から地域の中小河川を経由して最終的に琵琶湖へと流れ込む。この農業濁水には、水田の土壌粒子とともに、肥料成分である窒素やリン・農作物の残渣などに由来する有機物・除草剤の成分などが含まれている。実際、農業濁水の影響は、農村の水路や小河川の生物の生息環境の劣化、琵琶湖沿岸の漁業への被害、琵琶湖の富栄養化促進など、集落スケールから琵琶湖スケールまで重層的な範囲に及んでいる。

農村社会の変貌と農業濁水問題の顕在化

　農業濁水問題の解決は、簡単なものではない。濁水問題が顕在化した直接的な原因が、後述する近代的な灌漑システムの導入という構造的な要因であることに加えて、戦後農政に翻弄されてきた農村の厳しい現実があるからである。

　戦後、農業の合理化をめざした国の農業政策により、土地改良事業が日本全国で推進される。滋賀県でも圃場整備、化学肥料と農薬の使用、農業の機械化の導入とともに、琵琶湖の豊富な水をパイプラインで輸送して、個々の農家単位で管理する「逆水灌漑」と呼ばれる用水と排水が分離した灌漑システムが1980年代に広く普及する。この近代的な灌漑システムの導入によって、農家はそれまで集落単位で管理されてきた用水利用上の制約から解放されることになる。しかし同時に、大量に使用された用水を直接琵琶湖に排水するシステムが稲作農業に構造的に組み込まれ、農業濁水問題が外部不経済として顕在化することになった。

　一方で、生産性の向上はコメ余りを招き、1970年代の国の減反政策への転換、1980

▲図 煙のようにたなびきながら琵琶湖に流入する農業濁水

年代の世界的な農作物の貿易自由化の流れは、農村の将来や営農に大きな不安をもたらし、稲作農家の減少・兼業化率の上昇・後継者不足・担い手の高齢化を急速に進めることとなった。農業濁水を防止するには、畦のこまめな修繕と徹底した水管理が必要であるが、現在の兼業化・高齢化した多くの農家には大きな負担となっている。

農業濁水問題の解決に必要なこと

　滋賀県においては、これまで法的規制や下水道の普及などによって、生活排水や工場排水など排出源が特定できる点源負荷については、かなり削減対策が進んできた。しかし、流域管理が必要となる農業濁水など空間的に広がりがあり排出源が特定できない面源負荷の削減は難しく、その影響は相対的に大きくなってきている。農業濁水の場合、農家が引き起こす環境問題ととらえて規制的・技術的手段だけで削減を図るのは難しい。そこで滋賀県では、環境への負荷を削減する農法で生産された農産物を認証することで、市場の付加価値を生み出す「環境こだわり農産物認証制度」を推進している。従来の規制的な対策から踏み出して、環境問題の解決と農業経営をつなぐ試みである。このような取り組みを契機に、農家自身が、豊かな地域社会を再生・実現する活動の一環として、農村・営農の直面する課題と水環境問題を有機的に関係づけて主体的に取り組むこと、それを長期的に支援する社会的な仕組みが、農業濁水問題の解決には必要であろう。

23 水質浄化が進んだ湖で起きた新たな問題
諏訪湖

花里孝幸

水質汚濁とアオコの発生

　長野県の中央部、標高 759 m に位置する諏訪湖は、湖周 15.9 km、湖面積 13.3 km^2 と長野県最大の湖で、諏訪盆地のシンボル的存在である。この湖は、湖面積の約 40 倍という広い集水域を持つ。そして、そこには多くの人が生活するようになり、家庭や事業所から大量の排水が湖に流れ込んだ。そのため、1960 年代以降、諏訪湖の水質汚濁が著しく進み、湖面を濃い緑で覆うアオコが毎年発生するようになった。これは大量に増殖した藍藻によってつくられたものである。

水がきれいになったら魚が減った！

　そこで、水質浄化対策として、下水処理場を諏訪湖畔に建設し、そこに諏訪地域の排水を集めて処理するようにした。1979年のことである。それ以後、下水道の普及率は年々上昇し、今では 98％に達している。また、処理場の処理排水を湖に入れないようにした。これらのことが功を奏し、藻類の重要な栄養素である窒素やリンの湖水中濃度が着実に低下した。そして、処理場建設からちょうど 20 年目になる 1999 年に、藍藻の発生量が大きく減少したのである。その後は、藍藻の少ない状態が続いている。ついに、アオコの発生抑制に成功したのだ。このことを、ほとんどの住民が歓迎した。
　ところが、諏訪湖では新たな問題が生じたのである。漁獲量の減少に伴う漁業不振だ。
　諏訪湖の漁業では、ワカサギが最も重要な魚種である。図 1 に、1950 年以後の諏訪湖のワカサギの漁獲量の変遷を示す。それを見ると、水質浄化対策をとっていなかった 1970 年代までは漁獲量は年々増加する傾向にあったが、下水処理場が稼働を始めた 1979 年頃を境に、それが減少傾向に変わったことがわかる。この減少には、湖の水質浄化が関わっていると考えられる。なぜなら、水質浄化は植物プランクトンを減らす行為だからだ。植物プランクトンは湖の食物連鎖の始まりに位置する生物であるため、その量の多寡が食物連鎖を介してつながっている魚の量に影響を与えることになる。

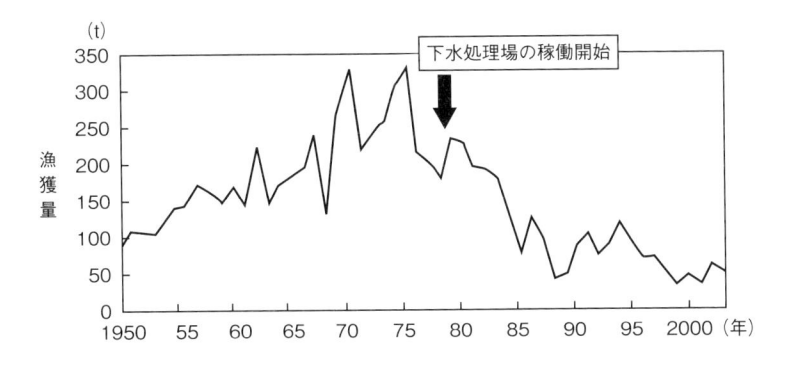

◀図1 諏訪湖でのワカサギ漁獲量の1950～2003年の変遷（武居，2005）

環境問題における「あちら立てればこちら立たず」

　ところで、諏訪湖の水質浄化が起こした問題は、漁業不振だけではなかった。もう一つの大きな問題は、浮葉植物のヒシの大繁茂である。

　昔の諏訪湖には、ホザキノフサモやクロモなどの沈水植物が広く分布していた。ところがアオコが発生すると、ほとんどの水草が姿を消してしまった。アオコに太陽光を遮られたからだ。1970年代の夏の平均透明度はわずか40 cm程度しかなかった（図2）。すると、水草を復活させるためには、湖水の透明度を上昇させなければならない。諏訪湖では、それが、アオコが激減した1999年に実現した。このとき、夏の平均透明度は1 mに達するようになったのである。その結果、水草が増え始めた。ところが、増えた水草は、昔の諏訪湖にはほとんどなかったヒシだった。諏訪湖では、長年にわたる水質汚濁によって湖底にヘドロが溜まったため、その底質を好むヒシが広い湖面を覆うようになったのである。ヒシは茎が丈夫で、船のスクリューに絡み、また景観的にも好まれないことから、漁業や観光業の関係者に嫌われている。

　水質浄化は、必ずしも良いことばかりを我々に与えない。すなわち、環境問題には必ず「あちら立てればこちら立たず」が付随する。このことを諏訪湖が教えてくれた。

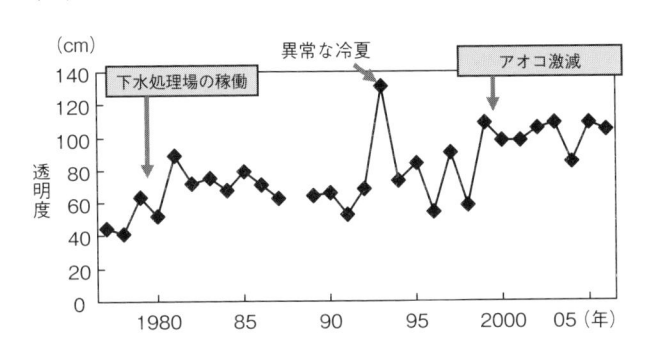

◀図2　諏訪湖における夏（7～9月）の平均透明度の1977年～2005年の変動（沖野・花里，1997；花里ほか，2003；宮原，2007）。1979年に下水処理場が稼働したとき、および1999年にアオコが激減したときに透明度が大きく変化した。なお、1993年は異常な冷夏によってアオコの発生がなかった年である

第二部　陸水学の今がわかるトピックス24

Topics 24　湖の富栄養度の指標としての漁獲量

花里孝幸

漁獲量と水の汚れは無関係？

　Topics23「水質浄化が進んだ湖で起きた新たな問題」では、諏訪湖の主要魚種のワカサギの漁獲量が1950年以後年々増加したが、下水処理施設がつくられた1979年を境にその量が減少に転じたことを書いた。そして、この漁獲量の減少は水質浄化の結果であるとした。しかし、その後もアオコの大発生は続き、アオコが顕著に減少したのは、漁獲量が減り始めてからおよそ20年後の1999年のことだった（図1）。つまり、漁獲量は、水質が浄化された1999年以前から減っていたことになる。

　一方、当時信州大学諏訪臨湖実験所の沖野外輝夫らがまとめた、1970年代以前の夏の透明度の変化を見ると、1960年以前は、長い間およそ1mの透明度が維持されてい

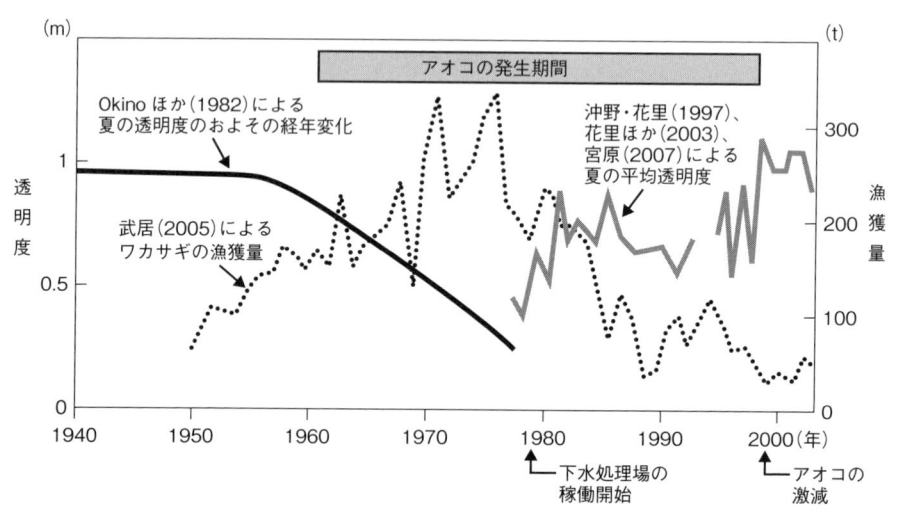

▲図1　諏訪湖における1940～2005年の間の夏の透明度の推移と、1950～2005年のワカサギの漁獲量の変化

たが、1960年頃を境に、その値が急速に低下したことがわかる（図1）。これは、この時期にアオコが発生し、水質が汚濁したためである。ところが、アオコが見られず、比較的高い透明度が維持されていた1950年代には、ワカサギの漁獲量は年々増加していた（図1）。

すると、諏訪湖の漁獲量の変化は、水質汚濁や水質浄化とは関係がないように思われる。本当にそうだろうか。

生物個体群の現存量と生産量

この一見矛盾するような現象を説明するには、生物個体群の現存量と生産量を考える必要がある。

生物個体群の現存量は、ある時点でそこに存在している生物の量（重量などで表す）で、生産量は、一定時間（例えば、時間aから時間b）に生産された生物量をさす。言い換えれば、その時間に増加した生物の現存量（各個体の体重増加量と子どもの増加量）である（図2のA）。ただし、時間aと時間bの間の現存量の差だけを生産量としていると、誤りを犯すことがある。なぜなら、自然界の生物は、その多くが捕食者に食べられ、あるいは病気になっ

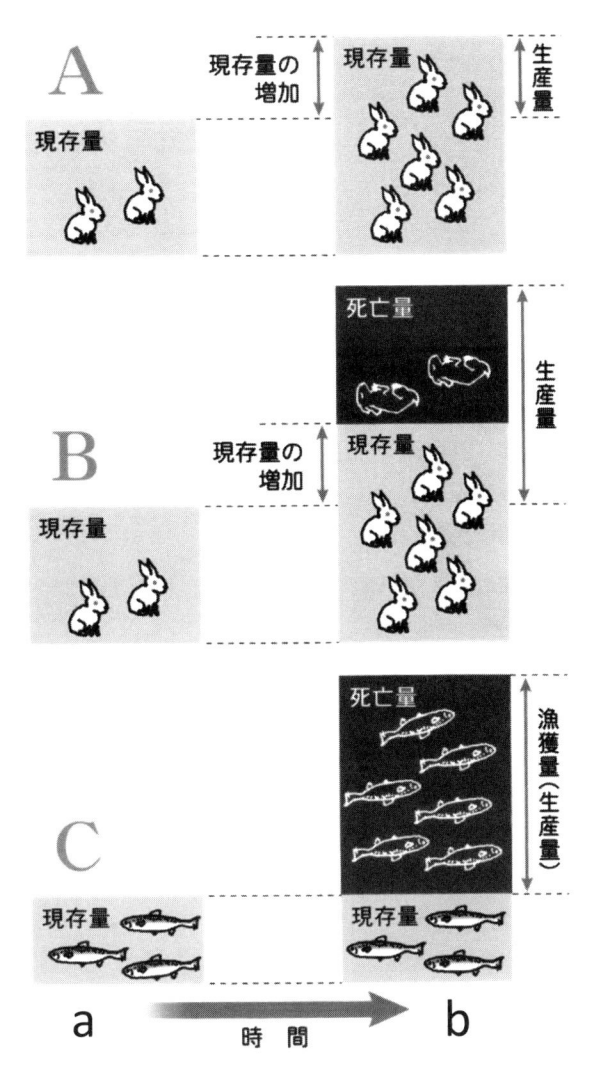

▲図2　生物個体群の現存量と生産量
A：ある生物種個体群の生産量は、一定時間に増加した現存量
B：個体群内で死亡があった場合は、増加した現存量に死亡量を加えたものが生産量となる
C：湖で漁業対象となっている魚の個体群の場合、漁業によって現存量はおよそ一定に保たれており、死亡量がほぼ漁獲量に匹敵すると考えられる。すると、漁獲量は魚の個体群の生産量に等しくなる

て死んでいるからである。死んだ生物個体は、その死の直前まで生物生産に寄与していたものなので、この場合の正しい生産量は、時間aの現存量と時間bの現存量の差（現存量の増加量）に、その間の死亡量を加えたものになる（図2のB）。

　この生物の生産量は、餌の供給量に大きく依存する。一方、生物の現存量は、増殖量と死亡量のバランスで決まる。すなわち、餌が多くて盛んに増殖していても、その多くが捕食者に食べられていたら、現存量は増えない。逆に、捕食者が少なければ、餌が少ない環境でも個体群はある程度の現存量を維持して暮らしていけるのである。

　ここで、諏訪湖のワカサギの漁獲量を考えてみよう。ワカサギが多ければ、漁業者は活発に漁業活動を行うが、それによって湖の中の魚が減れば（魚の現存量が減れば）、漁獲効率が低下するので、捕獲される魚の量は減り、ある程度の魚が生き残ることになる。すると、湖の中のワカサギの現存量は、漁業活動に依存してある程度の変動はあるが、毎年およそ一定に維持されていると考えられるだろう。そうなると、ワカサギの死亡量がその個体群の生産量にほぼ匹敵することになる（図2のC）。そして、仔稚魚期を除き、魚の死亡要因のほとんどが漁獲と考えられるので、漁獲量が魚の個体群の生産量をおよそ表すことになると考えてよいだろう。

漁獲量が富栄養度の指標になる

　湖の富栄養化は植物プランクトンの生産量を高め、それは動物プランクトンの増殖を速め、魚の生産量につながっている。したがって、魚の生産量の変化は、湖の富栄養化や貧栄養化（水質浄化の程度）の指標として利用できると思われる。

　そこで、諏訪湖のワカサギの漁獲量を、その湖の富栄養度の指標として見てみる（図1）。アオコが発生したのは1960年代であるが、漁獲量は1950年代には年々増加していたので、そのときにはすでに湖の富栄養化は進んでいたと考えられる。念のため、先にも述べたが、私達が見ているアオコは、アオコを形成する植物プランクトン種の現存量であって、それはその種の増殖量と死亡量のバランスの結果なのである。一方、下水処理場の稼働が始まると、それに呼応して漁獲量が下がり始めた。これは、水質浄化が進み始めたことをよく示している。

　湖の富栄養度を知るためには、湖内の生物の生産量を測定することが求められるが、それは難しく、また大きな労力が必要とされる。ところが、日本の多くの湖では漁業が行われている。そのため、その漁獲量の変動を、湖の富栄養度、水質浄化対策の効率など、湖の管理に役立たせることができるだろう。

第三部

日本の陸水学史

沖野外輝夫

1　日本近代陸水学の幕開け

「陸水」という語は一般には聞き慣れない言葉である。「海水」に対する「陸水」と言えばわかりやすいかもしれないが、内容的にはもっと複雑である。学問の世界でも、現在に至るまで「陸水学」と看板を出していたのは、北海道大学理学部陸水学講座と、東京教育大学（現在の筑波大学の母体）理学部で陸水学の講義科目が開講されていたのみであった。しかし、この北海道大学の講座は内容的には湖沼物理学が主体で、陸水学全般を扱っていたわけではない。陸水学が一般の理解を得られなかったのも無理からぬことである。

日本にこの分野の研究を導入した田中阿歌麿（1869-1944）も、最初はこの分野を「湖沼学」として紹介している（図3-1）。英語の limnology の語源は ¦(limne + logos),（湖沼＋学問）¦であるから、湖沼に関する学問、すなわち「湖沼学」が適正な訳語と言える。では何故に、田中が欧米から導入した「湖沼学」を日本では「陸水学」と命名したのか。その経緯については、わが国での陸水学会創設の経緯の中で触れることにする。

水がなければ、現在の地球上の生物は生きていくことはできない。生物の一員である人間も同じである。そして、誰しもが、大なり小なり幼少時に水との出会いや思い出を持っているのではないだろうか。その水は川であったり、湖であったり、海であったり、時には雨であったりする。その水のうち、海以外にある水が陸水である。簡単に言えば、陸域にある水すべてが陸水である。しかし、陸水には水そのものだけでなく、湖や河川といった構造や機能を持つ場の概念が含まれている。それ故に陸水研究の対象には、それぞれの水域の構造や水質など、物理的・化学的環境に加えて、その水域に生息する生物群集の生活と水域の持つ機能にまで及んでいる。

1884（明治17）年、父親に連れられて一人の少年が吉田口から富士山を登っていた。一片の雲もない青空の下、急坂の上りから振り返る15歳の少年の目に、眼下に点在する富士五湖の一つが飛び込んできた。少年は大自然の偉大さに打たれ、

▲図3-1　田中阿歌麿。日本の陸水学の開祖とされ、日本陸水学会初代会長（1931-1944）として、陸水学の発展に貢献した。写真は『陸水學雜誌』田中阿歌麿博士古稀記念號（1938）から転載

▲図 3-2　富士山 6 合目からの山中湖。
沖野（著者）撮影、2009 年 8 月

湖沼こそ将来の自分の友人という思いに駆られたという。その少年の思いが日本の近代湖沼学の扉を開くことになる。少年の名前は田中阿歌麿であり、湖は山中湖である（図 3-2）。田中の父親は幕末に尾張藩藩士として活躍した田中不二麻呂（幼名：国之輔、号を夢山と称した）である。その母親が不二麻呂を産んだときに夢で富士山を見た、という逸話が伝えられていた。その子どもが富士登山で富士五湖を俯瞰し、湖沼学を志すようになったのも何かの因縁である、と田中阿歌麿は自著『湖』（岡倉書房、1940）の中で記述している。上野益三も『陸水学史』（培風館、1977）の中で、この経緯と逸話を記述している。その後、少年田中は外交官である父親に連れられてイタリアを皮切りにヨーロッパ各地を訪問、当時ヨーロッパで始まった湖沼学に触れることになる。19 世紀末のことであるから、今からおよそ 100 年以上前のことになる。

　当時ヨーロッパでは、湖沼学の創始者とされるフランソワ・フォーレル（1841－1912）がレマン湖（スイス）を中心に活躍していた。フォーレルの父、アルフォンス・フォーレルは、スイス共和国の大統領にもなった人だったという。フォーレルはレマン湖北岸のモルジェという町で生まれ、育った。家庭環境、自然環境から見ても、フォーレルが湖沼研究に進むことになったのは自然の成り行きだっただろうと、上野は記している。

　フォーレルはジュネーブの大学で科学を、フランスのモンペリエで医学を学び、ウェルツベルクで医学博士の学位を得、1870 年からローザンヌの大学で解剖学と一般物理学の講義を担当した。学歴や職歴からもその博識は知れるが、フォーレルの論文は医学よりも地学・湖沼学に関するものが多かった。『レマン湖』全 3 巻（第 1 巻 [1892]、第 2 巻 [1895]、第 3 巻 [1904]）は彼の主著として名高く、1900 ページに及ぶ大著である。その内容は地理的な記述から始まり、湖盆形態、地質、気象、水理、化学、熱学、光学、生物学などの自然環境に関する事項ばかりでなく、歴史、水上交通、漁業などの人文科

学的な事項にまで及んでいる。まさにレマン湖の湖沼誌であり、自然科学と人文科学を含めた総合科学と言える。

　田中阿歌麿はヨーロッパから帰国後、日本各地の湖沼を調査し、それぞれの湖沼についてその結果を著書として編纂しているが、その中の『湖沼学上より見たる諏訪湖の研究』(1918)はフォーレルの『レマン湖』を手本とした湖沼誌である。しかし、田中自身はヨーロッパで直接フォーレルに師事したことはなく、手紙のやりとりのみであったと述懐している。

　1895（明治28）年の秋、田中は帰国したが、国内には湖沼研究に興味を持つ人は他におらず、彼一人のみであった。しかし、「四面環海のわが国で地理学を志す学者の将来なすべき仕事は、海洋又は湖沼、とにかく水に関する研究をすべきだと気づいた」と、一般向け啓蒙書として刊行した前記『湖』の日本湖沼学の沿革の中で記している。

　田中は帰国後いろいろな学校で教鞭を執り、東京地学協会の機関誌『地学雑誌』の編集に従事するようになる。『地学雑誌』編集の傍ら、湖沼調査のための器具類を調達することが、田中にとって湖沼研究のための最初の仕事であった。当時の日本には湖沼調査に必要な器具は一切なかったが、たまたま日本橋の玉屋にあったネグレッチ・ザンブラ社製の海底転倒寒暖計を購入することができた（図3-3）。資金は、横山又次郎と神保小虎の理解を受けて東京地学協会より提供された補助金であった。湖沼の深度を測定する錘鉛と透明度板は自製で、錘鉛は田中式鑽泥錘と命名、透明度板はセイキ式平円盤（セッキ式円盤）を真似たものであった。田中はその三つを揃えるだけでもたいへんで、当時は採水器を整えることなど思いもつかなかったと述べている。

　三つの器具を携えて宿願でもあった山中湖の調査が決行されたのは1899（明治32）年8月1日であった。以後この日は、日本湖沼学開学の日として記念すべき日となった。それから100年後の1999（平

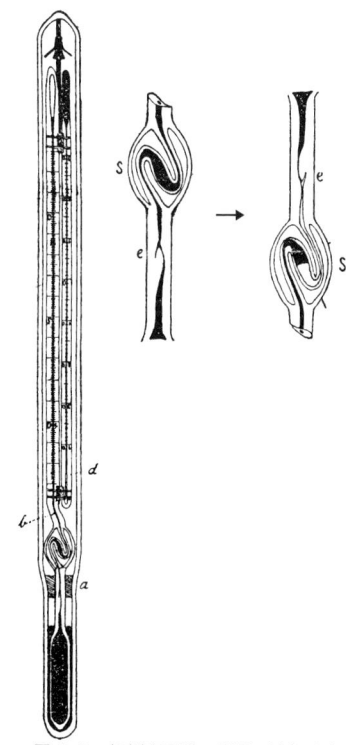

▲図3-3　転倒寒暖計の構造（左）と転倒して水銀柱の切れる様子（右）。転倒寒暖計は、かなり深いところの水温を正確に測るための温度計。目的の水深まで沈め転倒させると、水銀柱が左図のaの部分で切断され、水上に引き上げた後もその水深の温度を示す。図は、吉村信吉『湖沼の科学』（1941）より転載

成 11) 年に、日本陸水学会では日本陸水研究100年を記念して、100周年公開シンポジウムを名古屋女子大学で開催し、学会の発展に貢献した研究草創期の各氏を偲んだ。また、その前年 (1998年) には、学会賞として「吉村賞」を創設し、第1回の受賞式が1999年の日本陸水学会第64回大会 (滋賀県立大学) で行われた。

　山中湖で投じた田中式鑽泥錘による測深の目的は山中湖の湖盆図作成であり、湖沼研究の基本となるものである。田中は彼の測深が日本で初めてのものと思っていたが、その後北海道湖沼の調査で、幕末に北方警備のために松浦武四郎が蝦夷地を探検し、摩周湖と屈斜路湖の深度錘測を行っていたことを知ることになる。しかし、日本の近代湖沼学の幕開けとなる湖沼の測深は、その目的からすれば、田中による山中湖での錘鉛投下をもって嚆矢としても差し支えないであろう。

　田中による湖沼学の正式講義は農商務省水産講習所におけるものであろう。1902 (明治35) 年頃のことである。その後、大正末期には京都帝国大学理学部地球物理学教室でも12回に及ぶ「湖沼学」の講義が開講され、『陸水学史』を著した上野が聴講したと述べている。しかし、田中は終生官職に就くことはなく、在野の研究者として過ごしたという。田中は二、三の大学で湖沼学の講義を続けながら、日本各地の湖沼調査を続けた。当初は測深による湖盆形態の把握や水温測定が主な調査内容であった。水質測定のための採水には、最初はビールびんでつくられた原始的な簡易採水器を用いたが、これでは20 m以上の採水はできない。そこで、種々な工夫を加えて独自に採水器を設計し、北原多作により北原式採水器が作成された。以後、測定機器も次第に向上し、水質測定も行われるようになっていく。現在でも、北原式採水器 (図3-4) や北原式プランクトンネット (図3-5) は陸水研究者にとって馴染みのある器具名である。

　田中は多くの湖沼調査の中でも信州人の協力には特に敬意を払い、「私をしてわが国に湖沼学を輸入せしめその発達をなさしめたるは信州人である事を特記したいと思ふ」と述べている。田中による長野県下の湖沼研究は諏訪湖から始まり、野尻湖、日本北アルプス湖沼、山梨県の松原湖沼群に及び、そのつど信州の地元の人から手厚い援助を受けていた。調査結果は、それぞれに湖沼誌として出版し、地元の人たちにも広く公開された

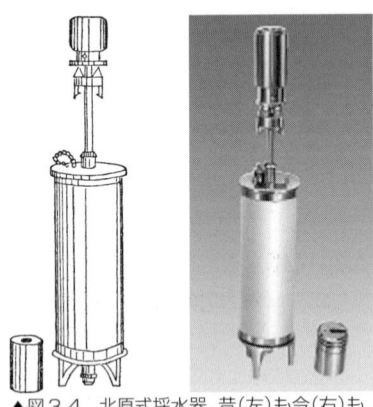

▲図3-4　北原式採水器。昔 (左) も今 (右) も、あまり形態は変わっていない。左は西條八束著『湖沼調査法』(1957) より転載、右は池本理化工業株式会社のカタログより

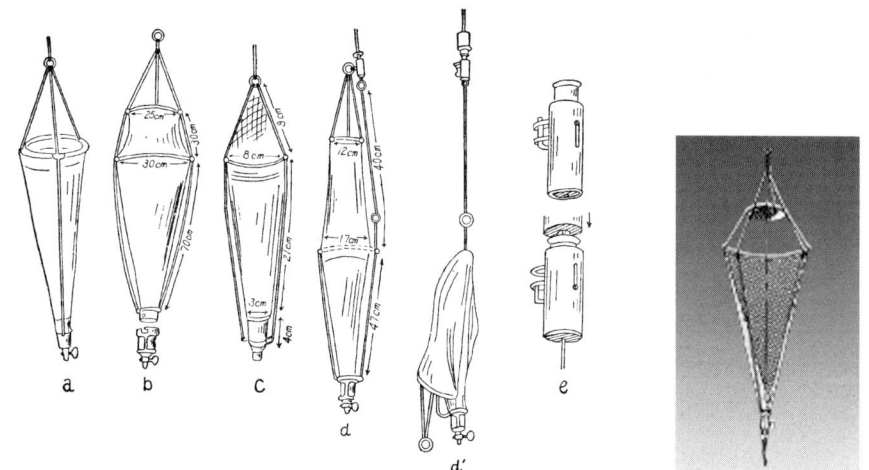

▲図 3-5　北原式プランクトンネット。こちらも、当時と形態は変わらない。a：定性用ネット、b：定量用ネット、c：水草繁茂水域用ネット、d：閉鎖式ネット（採集中）、d'：閉鎖式ネット（採集後）、e：閉鎖式ネット用の着脱器具。左の図は西條八束著『湖沼調査法』（1957）より転載、右の写真は池本理化工業株式会社のカタログより

のも地元の人たちに対する感謝の表れであったに違いない。田中によると、わが国最初の湖沼誌は、滋賀県測候所長前田末廣による『琵琶湖』（1910、明治43）であるとしている。しかし、『琵琶湖』は滋賀県知事から命じられて前田がまとめたものとされており、個人の研究としては、田中による『湖沼学上より見たる諏訪湖の研究』が最初としても良いのではなかろうか。

　木崎湖畔（長野県大町市）で、1917（大正6）年に開講された一般市民向け公開講座がある。日本の公民館活動の最初とも言える木崎夏期大学である。木崎夏期大学創設時に田中は、湖沼学に関する講義を開講（1917年から1919年までの最初の3年間）している。講義題目は「湖沼物理学」「一般湖沼学について」「湖沼物理学について」である。同じ時に、淡水生物学の川村多實二京都帝国大学教授による「淡水生物学要論」「淡水植物」が開講されていることは、地理学の田中と生物学の川村に研究上の親交があり、湖沼学が当初から地理学、生物学、物理学を含む総合科学を目指していたことを物語っている。木崎夏期大学の初期には、学生が全国から大勢汽車に乗って集まったほど人気のある講座であった。木崎夏期大学は信州教育会が賛助して開講され、教員有志が主体となって運営する地域の民営大学であった。田中は信州の湖沼調査の結果を含めて、湖沼を科学的な目で観る必要性を一般の人にも知ってもらい、湖沼調査に協力してくれた地元への恩返しとしたのかもしれない。

第三部 日本の陸水学史

　この木崎大学は、現在でも長野県下の教員の世話で、同じ場所で夏期に継続して行われている。田中による講義以後は湖沼学に関わる講義は途絶えていたが、近年は筆者を含めて元陸水学会会長の西條八束（さいじょうやつか）（名古屋大学名誉教授）、花里孝幸（はなざとたかゆき）（信州大学教授）など、日本陸水学会会員による講義も開講されるようになった。

　木崎夏期大学で田中と共に講義を行った川村多實二（1883-1964、図3-6）は、1883（明治16）年、岡山県津山に生まれた。川村は東京帝国大学理科大学動物学科を卒業し、京都帝国大学医科大学で生理学から生態学を目指した日本の淡水生物学の先達である。川村は、以後日本の陸水学研究の拠点として活躍する京都大学理学部附属大津（おお つ）臨湖実験所（当初は医科大学附属、図3-7）の創設者である石川日出鶴丸（いしかわひでつるまる）を研究面で助けて、実験所の基礎を築いた人でもある。川村が実験所に勤務し、最初に行ったのは琵琶湖をはじめとして日本各地の淡水域にどのような動植物が存在するのかを調べることであった。川村も田中と同様に信州をしばしば訪れ、淡水生物の採集を行ったことが木崎夏期大学での講義につながったものであろう。

▲図3-6　川村多實二。写真の出典：京都大学生態学研究センター

▲図3-7　大津臨湖実験所。開所当時は大津市観音寺町にあった。1935～1945年頃の撮影。写真の出典：京都大学生態学研究センター

　川村は琵琶湖での水生動物の調査結果や、日本各地での調査結果ばかりでなく、中国江蘇（こうそ）省での調査をも含めて、『日本淡水生物学』上下2巻（1918）を刊行した。この川村の『日本淡水生物学』について、上野は『日本陸水学史』

の中で「1914年の活動開始後3年有余にして、これだけ豊富な材料を駆使しえたことは、川村の努力のなみなみでなかったことを物語っている。本書の出現によって、『湖水には何も研究するものはない』という識者の蒙を啓いたばかりでなく、日本の淡水産生物の研究が科学的体系に整えられ、進むべき前途への基礎と指針とが与えられた」と評している。

　田中による諏訪湖の研究にも参加した中野治房(なかのはるふさ)(1883-1973)は、手賀沼(てがぬま)の水生植物の生態分布を『Botanical Magazine』(Tokyo), vol.25 (1911)に発表している。これが、わが国の湖沼における水生植物の生態分布に関する初めての科学的報告となった。その後、中野は諏訪湖および野尻湖でも同様の調査を続け、湖沼における水生植物の分布と深度との関係を論じた。

　中野は1883(明治16)年に、千葉県東葛飾郡湖北村中里(ひがしかつしかぐんこほくむらなかざと)に生まれた。この地は利根川(とね がわ)右岸にある。近くには手賀沼、印旛沼(いんばぬま)があり、当時は水郷地帯でもあった。中野が生涯の研究の主題の一つに、湖沼の植物生態学的研究を選ぶようになったのは幼少時から青年期にかけて育った自然環境の影響もあったのだろうと、上野は述べている。中野は1909(明治42)年に東京帝国大学理科大学植物学科を卒業、1916(大正5)年、「二三緑藻類の発生ならびに栄養生理学的研究」で学位を得ている。大学卒業後は水産講習所、第七高等学校造士館(ぞうしかん)(鹿児島)を経て、1934(昭和9)年から1943(昭和18)年まで、東京帝国大学教授として植物生理学と生態学を講じた。東京帝国大学での中野の研究領域は湖沼・湿原(尾瀬ヶ原(おぜがはら)、霧ヶ峰(きりがみね))ばかりではなく、森林・原野など植物群落全般にまで広がっていった。

　ついでに付言すれば、尾瀬ヶ原の調査は小倉謙(おぐらゆずる)を団長にして1950(昭和25)年から27年まで3年間、調査費は3年間で113万円、52名の研究者により行われた。それから25年後の1977(昭和52)から1979(昭和54)年までの3年間に、第二次調査が行われた。代表者は原寛(はらひろし)であった。湿原の研究も陸水研究の重要な分野であり、尾瀬保護財団では新潟県、群馬県、福島県の協力を得て湿原保全のために「尾瀬賞」を制定している。

　日本の湖沼プランクトン研究の最初として、小久保清治(こくぼせいじ)(1889-1971)と菊池健三(きくちけんぞう)(1901-1949)の二人を上野は挙げている。小久保清治は1923(大正12)に『浮遊生物学』を刊行、生涯をプランクトンの研究に捧げた。1944年に発表した『本邦湖沼のプランクトン』は、日本の湖沼プランクトンを地方別に集大成した有益な著述と、上野は評価している。菊池健三は動物プランクトンの鉛直分布およびその昼夜移動の研究に先鞭をつけた。菊池の興味は光に対する動物の反応にあり、日本の湖沼で始めて光電池

法による水中光度測定を行っている。

　以上は、田中が目指すわが国での湖沼学創設期に活躍した主要な研究者に焦点を当ててみたが、現実には湖沼学を目指していたのは田中のみで、川村、中野、小久保、菊池はそれぞれの研究対象である水生動物、水生植物、そしてプランクトンの研究が中心であった。それでも田中らと共通する湖沼という場で作業することで、日本の湖沼学は総合科学的な研究への第一歩を刻むことになった。さらに、彼らの周辺にはそれぞれの専門を背景とする研究者群が存在し、湖沼という場を通して研究者のまとまりが次第に醸成されていく。この時期を、総合科学としての湖沼学誕生前夜的な時代と位置づけることができよう。

❷ 湖沼学初期の研究、湖盆、水温と水質

　田中が木崎夏期大学で湖沼物理学の講義を行っているように、湖沼研究の初期は国内湖沼の地理的分布や湖沼形態の研究、湖内に関しては水の流動についての物理的な研究が主体に行われた。田中が山中湖で錘鉛による測深を行ったのも、山中湖の湖盆図を作成することが大きな目的であった。湖盆図とは、湖沼の平面図に等深度線を加え、湖沼を立体的に見られるようにするものである（図3-8）。幸い田中が帰国した頃には、日本陸軍参謀本部の外局である陸地測量部により、主要な湖沼に関しては2万分の1地図に湖沼の平面図は記載されていたので、新たに平面図を作成する必要はなかった。しかし、水面下の地形に関しては湖盆図がない限りは知

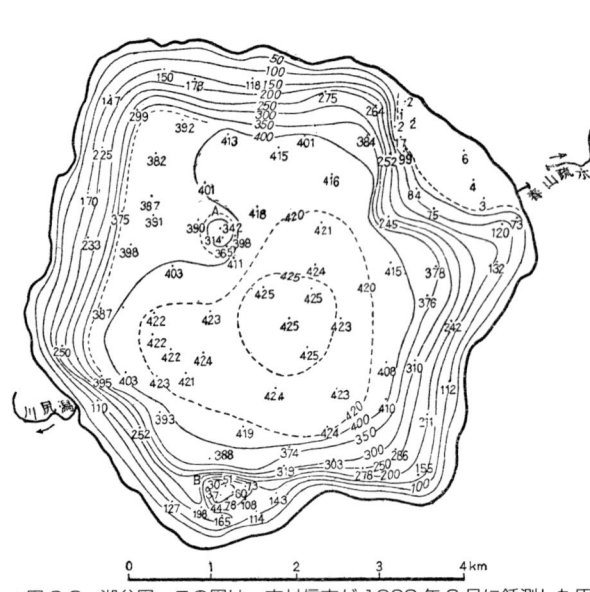

▲図3-8　湖盆図。この図は、吉村信吉が1938年8月に錘測した田沢湖のもの。湖岸から急に深くなり、400m辺りで平坦な湖底になる形態が示され、現在の計測にかなり近い（現在は最大水深423mとされる）。湖底には二つの小火山丘があり、振興堆（A）、辰子堆（B）と命名した

ることができず、その湖の容積を知ることもできない。

　測深に用いる錘鉛はロープの先に鉛の錘（おもり）を付けた簡単な器具であり、湖底の泥を採取できるように工夫されたものである。器具は簡単でも水面下の状況がわからないので、ロープの長さをあらかじめ決めるわけにもいかない。長くなればロープの重さも相当な重量になり、小さな漁船や手こぎボートで測定していた当時は大変な労力が必要であったろう。また、湖岸の傾斜、最深部の位置など、水面上からは知ることができないので、湖盆図の作成には多くの地点での測深と測深地点の陸上からの地理的な測量技術が必要になる。田中が初めて山中湖の測深を行ったときには、すでに陸地測量部により2万分の1帝国図「山中湖」（田中が帝国図と記載しているが地形図である）が発行されていたので、平面測量の手を省くことはできたが、測深地点の位置確認には測量技術が必要であった。田中は陸地測量部の「山中湖」の平面図に測深の結果を加えて、等深度線図を作成した。

　同じ頃、ヨーロッパではマーレー（1841－1914）らにより「スコットランド淡水峡湖の測深調査」が1897年から1906年にかけて行われ、合計562湖の湖盆図が作成された。上野は、10年間未満の歳月の間にこれだけ多くの湖盆図を作成した例はこのマーレーが初めてであり、測深の地点数は湖面1平方マイル当たり174地点になり、いずれも氷河作用を成因とする細長い湖が多かったことを紹介している。調査の対象となった湖には長径が40 kmを超えるオウ湖、長径37 km強、最大深度230 mのネス湖、最大深度310 mのモーラー湖など、大きくて、深い湖があり、その深度測定の苦労は並大抵ではなかったに違いない。

　田中は山中湖の測深調査で、たまたま湖の南岸近くの湖底にロート状の窪地を発見した。窪地の深さは周囲の湖底より5 mほど深く、水温は5.5 ℃高かった。この窪地は「湧壺（わくつぼ）」と言われる湖底の特殊地形で、山中湖の場合は湖底からの湧水（ゆうすい）が原因であろうと田中は述べている。田中が学会で発表したところ、物理学分野の人たちから「不慣れな人による寒暖計の読み誤りだ」と言われたと述懐している。その後、このような湖底の窪地は諏訪湖（通称：釜穴（かまあな）、ガス穴）や他の湖沼でも発見されているが、当時はヨーロッパでさえも珍しい例であった。錘鉛による測深は点測であり、その観測間隔では細かな湖底地形を知ることは困難であった。山中湖での田中による湖底窪地の発見は、彼の測深箇所が偶然とは言え、いかに多かったかを物語っている。

　錘鉛による点測は簡便であり現在でも行われているが、その後、音波の反射を利用した音響探査による連続的な湖底地形調査が可能になり、各地の湖沼の湖盆図も書き換えられている。初期の音響探査は連続的に地形の変化を読み取ることは可能であるが、あ

る間隔での線測でしかない。点測に比べればはるかに湖盆図としては正確ではあるが、測線と測線の間の地形情報を得るには未だ不正確と言える。そこで登場するのが同じ音響探査ではあるが、面的な情報を得ることのできるサイド・スキャン・ソナーである。サイド・スキャン・ソナーは、扇状の音波ビームを斜め上方から湖底に当て、海底の凹凸にぶつかって音波が戻ってくる時間から距離を算出し、信号の強度を色の濃淡に変えて、湖底の凹凸や地質を知る装置である。他の観測機器でも同じであるが、湖沼調査に必要な機器は、測深に用いられる機器と同様に、初期の簡単なものから次第に改良され、正確な情報を得ることのできる機器へと進歩してきた。それら機器の進歩が科学のさらなる発展へとつながっている。

　田中が山中湖で湖底から湧出する地下水の存在を推測できたのは、転倒型の水温計のおかげである。水温は湖水の動きを解析するうえで基礎的な測定項目であるばかりでなく、湖内に生息する生物の生活にとっても重要な環境要素である。田中は大学での講義においてヨーロッパで測定された湖沼水温のデータを紹介することが多かったが、ヨーロッパとは異なる温帯に位置する日本の湖沼での知見が少ないことを気にしていた。そこで自ら日本の、特に温度の低い地方の湖沼水温観測を行い、日本独自の知見を集積する計画を立てた。1901（明治34）年頃のことである。その調査のとき、猪苗代湖の水温観測を行っていた地元の教員、田中広作に出会い、同一の地点で同一の深度でも、2回続けて水温測定を行うと、測定水温に多少の違いが認められることがあると聞かされた。日本での水温静振測定の最初であるが、1894（明治27）年にマーレーらにより、トレイグ湖でその事実はすでに観測されていた。微妙な水温の変化を読み取りの際の誤差と片づけないで、湖沼に特有の密度差による湖水独特の振動と理解するには、豊かな経験と緻密な洞察力が必要である。水温静振の研究は後に琵琶湖で続けられ、解析が進むことになる。

　温帯に属する日本の深い湖沼では、夏期に温度成層が認められる（第一部第2章 p.58を参照）。温度成層は湖の表層部と下層部の水温に大きな開きがあるときに起こる現象で、水温が急激に変化する層を水温躍層と呼んでいる。オーストリアの地理学者リヒターが1889年にウエルト湖で発見し、1891年に「アルプ湖沼の水温状態」というタイトルで発表した。日本では吉村信吉が湖沼水温の垂直分布が季節的に変化することを調査し（図3-9）、彼の著書『湖沼学』（1937）で温帯の湖沼では湖水が季節的に上下に循環、停滞を繰り返していることを解説している。

　風のない静かな湖水も、その湖独特の流れによって流動している。これを湖流と言い、流入河川の水量、風の影響や地球の自転と関係があるとされている。1925（大正14）

年8月、琵琶湖で大がかりな観測調査が行われた。調査の指揮は当時神戸気象台長であった岡田武松、調査主任は技師須田晥次であった。調査結果は翌年の1926（昭和元）年に『琵琶湖調査報告第一編』として公刊された。内容は地球物理学に関わる事項が中心で、測深、水温、透明度、水色、沈殿物、湖流、風浪、

▲図3-9　ゴムボートの上で調査中の吉村信吉。写真：吉村信吉『湖沼学』（1937）から転載

水位、静振などであり、以後の琵琶湖研究の基礎となる調査であった。その時の調査で、琵琶湖北湖には3個の水平環流があることが報告されている。調査に参加した日高孝次（1903-1984）は、湖流発生の原因を探るために模型実験を行った。これは湖沼の物理的現象を解明するために行った最初の模型実験であると、上野は記述している。琵琶湖の湖流発生機構が解明されたのは1960（昭和35）年以降のことであった。

　琵琶湖に比べれば小さな長野県の諏訪湖でも、白石芳一（1917-1984）により、1961（昭和36）年にユニークな湖流観測が行われている。魚類生態学を専門としていた白石は、ワカサギが流れに逆らって泳ぐ性質に着目し、湖内数カ所に刺し網を張り、ワカサギが網の目に掛かる面から反時計回りの湖流があると推測した。その後の各種調査でも反時計回りの湖流の存在が確認されている。しかし、湖流は微弱な流れであるから、諏訪湖のような浅い湖では風による影響を強く受けることになる。

　日本で最初に報告された湖沼水質に関する論文はフェスカによる『山梨県甲州川口及び山中湖の分析』（地質調査所、1884）であるとされている。当時はすでにヨーロッパでは過マンガン酸カリウム消費量、COD、アンモニアの分析法が確立していた頃のことであり、外国人講師により日本の研究者にも化学分析の技術は伝えられていたものであろう。吉村信吉は『陸水学雑誌』第1巻（1931）に「日本の湖水の化学成分Ⅰ（総論）」、続いて1933（昭和8）年に「日本の湖水の化学成分Ⅱ溶解性酸素」を発表している。引き続いて翌年の1932（昭和7）年に菅原健が「天然水中に含まれる珪酸の定量に就いて」、1933年に「化学成分の季節的変化」を発表した。吉村は化学分析を菅原に学んだとされているので、当時の湖水の化学成分については菅原が主体的に行っていたもの

で、吉村はもっぱら水中の溶存酸素を中心に測定を行っていた。吉村による化学成分に関する報告は、1934（昭和9）年の「日本の湖水の化学成分Ⅲ塩化物」と「日本の湖水の化学成分Ⅳ硫化水素」である。陸水学雑誌に収録されている河川水中の化学成分に関する報告は、喜多豊一「梓川水系の陸水化学成分に就いて」（1938）が最初である。

日本で化学者として最初に湖沼研究に携わったのは菅原健（1899-1982）である（図3-10）。菅原は1923年東京帝国大学理学部で有機化学を修め、後に名古屋大学で分析化学を担当し、水の化学や地球化学の道に進んだ。彼は菊池健三が1924年に木崎湖でプランクトン調査を行うのに同行し、木崎湖のpHを測定したのが湖沼研究の

▲図3-10 菅原健。写真：菅原健『続たまゆら』（1979）から転載

始まりで、その後1927（昭和2）年から1928（昭和3）年にかけて、琵琶湖、野尻湖、芦ノ湖の水中溶存化学成分を測定した。彼は1932年からは埼玉県幸手市にある高須賀沼を研究フィールドとして選び、当時アメリカとヨーロッパで湖沼研究に従事していたフォルブスやフォーレルと同様に湖を一つの有機体と見なして、その物質代謝を化学的な視点から解明しようとした。以前は名も知られなかった高須賀沼、東京の北およそ40km、1786（天明6）年の利根川大洪水の際に堤防が決壊、生成した窪地は、以後陸水学者にとって忘れることのできないフィールドとして知られるようになった。しかし、第二次世界大戦後の1947（昭和22）年のカスリン台風によって、沼の半分は土砂によって埋められてしまった。

菅原の扱った分析法には、全炭酸の測定法、溶存窒素、メタン、水素などの分離測定法、湖沼底泥中のガス成分分析法など、ガス分析が主体であり、その技術は小山忠四郎（1915-1998）に受け継がれていった。菅原の業績は学術論文のみではない。彼が設立に奔走した名古屋大学の理学部附属水質科学研究施設の設立がある。この施設は1973年に大学附置の水圏科学研究所となり、1993年には大気水圏科学研究所と改組され、その後2001年に廃止されるまで、数多くの陸水学、海洋学、大気圏化学に関係する研究者を輩出、陸水学上でも重要な研究拠点として機能した。菅原の足跡、考え方については自著『続たまゆら』（東海大学出版会、1979）に詳しく紹介されている。

堀江正治を中心とする琵琶湖掘削調査計画は、日本で初めて行われた大規模な古陸水

学上の研究であった。この計画で琵琶湖の水深65mの湖底から全長200mの柱状試料が得られたのは1971（昭和46）年のことであった。その試料の分析、解析には、菅原の設立した水圏科学研究所の研究スタッフと名古屋大学地球科学教室のスタッフ、そして全国からの研究者が協力して行われ、1975（昭和50）年に600ページに及ぶ報告書『Paleolimnology of Lake Biwa and the Japanese Pleistocene』として集大成された。この分野の研究は各地の湖沼で現在も精力的に続けられている。

　湖盆の形態、水温そして湖流の研究は、湖水の水平、垂直の流動など、湖の物理学的性状を解明することを目的にしている。一方、水質の研究は、湖の化学的性質を明らかにすることで基礎的な湖沼学上の知見としても必要不可欠な研究であった。このように日本でも、湖沼学発祥の地でもあるヨーロッパに遅れることなく各種の湖沼学研究が進展したのは、田中阿歌麿を中心とする草創期の研究者の努力に負うところが大である。

3　日本陸水学会と国際理論応用陸水学会の創設

　1931（昭和6）年3月、東京に在住していた湖沼学関係者は湖沼学談話会設立の趣意書を作成、配布し、賛同者を全国に求めた。その結果、1931年6月3日、東京一ツ橋会館にて日本陸水学会創立記念大会が開かれ、学会の名称を「日本陸水学会」と命名した。大会出席者は、55名の発起人中23名であった。

　「湖沼学」を「陸水学」としたのは、研究対象を湖沼に限らず、内陸水全体にまで広げようという意図の表れであり、川村多實二の発案であったと、上野は『陸水学史』の中で紹介している。初代会長は田中阿歌麿が選出され、評議員は川村多實二、中野治房、幹事は吉村信吉、菊池健三であった。翌年の日本陸水学会第1回総会で、幹事については稲葉伝三郎、宇田道隆、上野益三が加わり、稲葉と上野が『陸水学雑誌』の編集を担当することになった。この時から現在（2011年）まで、『陸水学雑誌』は第二次世界大戦による中断にもめげず、72巻を重ねてきた。その第1号（1931）には田中阿歌麿「湖沼研究懐旧談」を含めて、日本の陸水学草創期に活躍した川村多實二、上野益三、田内森三郎、菊池健三、吉村信吉、中野宗治がそれぞれの専門分野で論文を発表している。当時発表された研究内容は地理学と動植物学が中心であった。

　陸水学会創設に奔走した一人である吉村信吉（1907 – 1947）は、研究面で大きな業績を残した（図3-11）。彼の著書『湖沼学』（三省堂、1937）は、日本陸水学のわが国最初の教科書として価値あるもので、その後西條八束と山本荘毅の努力で、復刻版『湖沼学』（生産技術センター、1976）が刊行された。復刻版に序文を寄せた当時名古屋大

▲図3-11　吉村信吉。1943年自宅にて。
写真提供：吉村光敏

学水圏科学研究所所長の菅原健は、吉村の広範囲な分野での研究活動と精力的な論文の発表、陸水学研究の発展に貢献した偉業を讃えている。

　上野の『陸水学史』によれば、吉村信吉は1907（明治40）年、東京牛込に生まれた。浦和高等学校から東京帝国大学理学部に進み、山崎直方から地理学を学んだ。湖沼学については独学で、田中阿歌麿に私淑し、当時東京高等学校教授であった菅原健から化学分析を学んだという。吉村は中学生のときから湖沼に興味を持ち、在学中学の校友会誌『開拓』に洗足池の測深報告を記していたという。博士論文のタイトルは「日本の湖沼の溶解性酸素」（1935）であり、1931年の大学卒業までに74編の論著を専門誌に公刊、1947年に他界されるまでに300編を超える論著を発表している。論著は湖沼に関するものが多いが、地下水、河川、海洋に関するものもあり、武蔵野台地の地下水についても詳しい研究結果を報告していた。1947年1月21日、吉村は厳寒期の諏訪湖で氷上観測中に氷が裂け、水中に落ち、殉職された。享年40歳、中央気象台研究部海洋課掛長であった。

　吉村の論著の中でも『湖沼文献目録』は散逸している多くの文献を初めて収集・整理したもので、以後の研究に役立つ、貴重なものである。この文献目録の仕事は、第二次大戦後に経済安定本部資源調査会の委託で資源科学研究所が編集した『日本湖沼文献目録II』（1943～1949年。編集に当たったのは西條八束、坂口豊、谷津栄壽、大谷成男）、『日本地下水関係文献目録』（1949年まで、編集は主として谷津栄壽、大谷成男が担当）、『資源文献目録』（編集の多くは倉澤秀夫が担当）に引き継がれていく。また、吉村が活躍していた時勢を反映した太平洋協会編『太平洋の海洋と陸水』（岩波書店、1943）の中で、吉村は「東亜の陸水」の章を担当している。当時の大東亜共栄圏構想に基づく資源調査の一環であるが、アジア諸地域の主要な湖沼、河川に関しての科学的な記載があり、文献的な価値がある。

　さらに、吉村も田中と同様に一般向けの著書を刊行している。それらの中には『湖沼の科学』（地人書館、1941）、『湖・沼』（誠文堂新光社、1941）など、平易な記述で陸水学の一般への普及を意図しているものも多い（図3-12）。吉村の『湖沼文献目録』については、山室真澄が『陸水学雑誌』第67巻（2006）「吉村信吉（編）『日本湖沼文献

目録』再掲載に寄せて（1）、（2）」で再録、その意義について述べている。

　日本陸水学会の事務局は、1942（昭和17）年からは資源科学研究所に置かれていた。資源科学研究所は1941年12月8日に文部省直轄の国立研究所として設置され、東京市赤坂区青山高樹町にあったが、戦災で焼失した。戦後は新宿区百人町の旧陸軍研究所跡に移転、進駐軍の命令で国立研究所としての地位を廃され、財団法人資源科学研究所として再出発した。学会事務局がこの研究所に置かれたのは吉村信吉が兼務していたことと、多田文男、川田三郎、小笠原義勝などの地理学者、岡田弥一郎、馬渡静夫、中村守純、浅沼靖などの生物学者など、陸水学に関係する研究者が多く勤務していたことによるものであろう。

▲図3-12　吉村信吉著の『湖沼の科学』（1941）。陸水学の一般への普及を意図して書かれた。表紙にはミジンコの箔押しが施されるなど、装幀も凝っている

　戦後資源科学研究所が財団法人に移行してからも吉村が事務を引き続き行っていたが、吉村が諏訪湖で殉職された1947年以後は中央気象台海洋課に移された。1949（昭和24）年度からは、田中阿歌麿会長が逝去されて以来不在となっていた会長に川村多實二が就任、事務局は京都大学理学部附属大津臨湖実験所に移った。その間の経緯については『陸水学雑誌』第57巻2号、シリーズ：日本陸水学会の歴史を振り返って（2）「日本陸水学会の思い出―吉村信吉先生（1907－1947）を中心として―」に三井嘉都夫が詳しく記している。1985（昭和60）年頃からは、一研究機関だけに多大な労力をかけることは忍びないと、当時の学会幹事長手塚泰彦の発案で事務局は各地持ち回りとなった。それができるほどに陸水学会の会員も全国的に増えていたとも言える。

　学会の機関誌である『陸水学雑誌』は現在和文誌として継続発行されているが、2000年からは英文誌を分離、東南アジアの陸水学研究者にも門戸を開き、『Limnology』という誌名でシュプリンガーから発行されている。陸水学会の会員数は陸水学100周年の1999年で、一般会員数1063名、学会誌発送数はおよそ1300となっている。陸水学会に研究内容が近い、応用的な研究者を集める学会としては1990（平成2）年に設立された社団法人環境科学会があり、機関誌は『環境科学会誌』である。また、水質汚濁に関連して1971年に設立された日本水質汚濁研究会は機関誌『水質汚濁研究』を発刊、

1991（平成3）年に社団法人水環境学会に名称を改め、機関誌も『水環境学会誌』と改めて現在まで継続、発行されている。さらに、2002（平成14）年には、河川を中心とする生態学と河川工学の総合的研究を目的とする応用生態工学会が誕生した。

日本で陸水学会が創設されるよりも10年前の1922（大正11）年8月、キールで陸水学に関する国際会議が開かれた。上野は『陸水学史』で、この会議を国際陸水学会合と呼ぶ方がふさわしいと述べているが、後に「国際理論応用陸水学会（SIL）」となる内陸水に関する国際学会の誕生である。この学会設立構想はナウマン（1891-1934）の発想であったという。ナウマンからその構想を聞かされたティーネマン（1882-1960）はその後ナウマンと共に学会設立に奔走し、趣意書を作成、世界の陸水研究者に賛同を求めた（1921年）。1922年に開かれたキールの国際会議はその第1回の会合であった。

当時は1914（大正3）年から1918（大正7）年にかけての第一次世界大戦が終息、ようやく国際的な活動ができる体制が整いつつある時期でもあった。1923（大正12）年に開かれた第2回のオーストリア、インスブルックでの会合には田中阿歌麿も出席し、会合後にはドイツ、デンマーク、フィンランドに湖沼学者を訪ねたという。日本の湖沼学が陸水学となり、その後欧米に引けをとらない内容で発展したのも、田中が国際学会に参加し、最新の研究情報をわが国に伝達することができたことによっている。ティーネマンはライン川中流のアイフェル地方に生まれた陸水生物学者である。アイフェル地方には大小いくつもの火口湖があり、ティーネマンはこれらの火口湖（マール）の研究（1910-1914）から始まり、ナウマンと共に世界の湖沼の類型化を成し遂げた。そのため、アイフェルマールは近代陸水学発祥の記念すべき地であるとされている。日本にも、男鹿半島に、一ノ目潟、二ノ目潟、三ノ目潟というマールが存在する。

ナウマンは、1891年に、南スウェーデンのスコーネで生まれた。1917年にルンド大学で植物性プランクトンと新生湖底泥との関係を論文とし、学位を得た。ナウマンは陸水に関することには何でも取り組み、理論だけでなく、研究技術の面での創意工夫はその後の陸水研究に大きな貢献をしている。彼はスウェーデンのエクマン（1876-1964）により「異常なまでに明敏な判断、多分の独創性と新しいアイデアを持った陸水学の先駆者」と激賞され、アメリカ合衆国のジュディー（1871-1944）は「ナウマンの論文の多くは陸水学の分野で基礎的な科学的重要性があり、彼が得た結果はいつまでもその重要性をもちつづける」と賛辞を呈している。また、共に国際陸水学会の創設に奔走したティーネマンも「私はナウマンの陸水科学への功績は、近代陸水学の歴史を叙述するほかの何物でもない」と述べている、と『陸水学史』で上野（1977）もナウマンの天

3 日本陸水学会と国際理論応用陸水学会の創設

才的な人物像に関する叙述に多くの文章を費やしている。

　国際陸水学会の創設のアイデアを主唱し、その設立に奔走したナウマン、日本の近代陸水学の発展に寄与し、日本陸水学会の設立を主導した吉村信吉、共に40歳代初期に早世した二人の陸水学者には相共通する資質が見受けられるが、現実に両人が出会った

▲図3-13　1980年、京都で開催された第21回国際理論応用陸水学会（SIL）に、地球儀を背負って現れたバレンタイン会長。背後に座しているのは森主一日本陸水学会会長（当時）

▲図3-14　SILポスターセッション会場での西條八束（左）とボーレンバイダー（右）。ボーレンバイダーは、富栄養化を予測するボーレンバイダーモデルで知られる国際的な陸水学者

記録はない。日本の陸水学発展に大きな功績を残した吉村ではあるが、残念なことに世界に知られることは少なかった。

1980（昭和55）年、第21回国際理論応用陸水学会（International Association of Theoretical and Applied Limnology；通称SIL）が京都で開かれた。大会会長は森主一京都大学理学部附属大津臨湖実験所長、事務局長は三浦泰蔵であった。開催の経緯については、森が『陸水学雑誌』第57巻1号、シリーズ：日本陸水学会の歴史を振り返って（1）「日本陸水学会の思い出あれこれ」と題して、苦労話を含めて詳しく紹介している。当時のSIL会長バレンタインは、地球環境問題への関心を高めるために、自ら背中に地球儀を背負って会場に現れたのが印象的であった（図3-13）。この国際学会開催を契機として学会会員の研究活動も活発になり、若い会員の加入も増えていったと、森は述懐している。国際学会の開催には金銭関係を含めて大小様々な苦労があるけれども、その分野の活動を活発にさせる意義も大きいことがわかる（図3-14）。

④ フォーブスとフォーレル（生態系概念の創始）の提示から現代へのつながり

19世紀後半のヨーロッパでは、陸水学の生物分野の基礎となる淡水生物学をツァハリアス（1846-1916）が中心となって進めていた。その研究拠点となったのは、彼が国費の補助を受けて1892年に開設した私設臨湖実験所「プリョン陸水生物学実験所」であった（図3-15）。この実験所は世界で初めての機能的な臨湖実験所であり、それ以降の陸水学の発展に大きく寄与したと、上野（1977）は高く評価している。また、ツァハリアスの著した『淡水の動植物界』はヨー

▲図3-15 プリョン陸水生物学実験所。1930年代。写真：上野益三『陸水学史』（1977）から転載

ロッパの淡水生物学最初の教科書として評価され、その後の陸水学研究の方向性を提示する重要な役割を果たしている。ツァハリアスの死後はティーネマンがプリョン実験所を継ぎ、管理はカイザー・ウイルヘルム科学促進協会に移り、第二次世界大戦後はマックス・プランク協会の所属となった。

1911（明治44）年、生理学研究のためにドイツに留学中だった京都帝国大学医科大学助教授石川日出鶴丸（1878-1948）はプリョン生物学実験所を訪問、所長ツァハリアスに会った。彼はこの訪問で学問発展のためには研究拠点が必要であることを認識し、帰国後に京都大学医科大学附属大津臨湖実験所の開設に奔走した。大津臨湖実験所の開設には紆余曲折があり、正規に開設されたのは1914年9月25日であった（図3-7参照）。その経緯に関しては、上野の『陸水学史』に詳細に記されている。開設後の大津臨湖実験所では川村多實二が研究をリードし、淡水生物学の発展に寄与、わが国の陸水学研究の拠点として貢献することになる。

日本陸水学の創立者でもある田中は、フォーレルこそが世界の近代湖沼学の基礎を築いた先覚者であると評価し、その著書『レマン湖』を自身の講義の元本として多く利用した。しかし、文中に含まれている事例は当然のこととして、レマン湖を中心とするヨーロッパの湖沼である。温帯に位置する日本での教科書としては適さないことも多い。そこで、自身で日本各地の湖沼を調査し、その事例をもとにして講義を行いたいと考え、実行に移した。しかし、フォーレルの湖沼学に対する考え方には大いに賛同していた。

1887年2月25日、アメリカのイリノイ州、ミシシッピー川の支流イリノイ川の河畔にあるオッペリアという町で科学講演会が開かれた。講師はイリノイ大学の動物学と昆虫学の教授フォーブス（1844-1930）である。講演のタイトルは「微小宇宙としての湖」である。このタイトルは、後年フォーレルが『淡水生物学概論』で書いた冒頭の文章と英文と独文の違いはあるものの全く同じ文章であり、その後の陸水学研究にとって重要な指針となった。フォーブスとフォーレルのこの考え方は、後年、生態学者タンスリーにより提案されることになる生態系概念の原点ともなっている。

フォーブスの陸水学研究の活動の場となったのは1894年に設立されたイリノイ生物学実験所である。この実験所には研究設備を備えた調査船があり、イリノイ川を上下して詳細な研究をすることができた。スミス、コフォイド（プランクトン）、リチャードソン（魚類）などの研究協力者もあり、当時のイリノイ川は世界一詳しく河川生物の研究がされていると評価されていた。水域の生態系を研究するためには多くの研究協力者が必要であることを示した実例としても、イリノイ川での研究は貴重である。

フォーブスとフォーレルが提唱した環境変化と生物活動の関係を総合的に一つのシ

ステムとして捉える考え方は、前述したようにタンスリーにより「生態系 (ecosystem)」という概念にまとめられた。その「生態系」という概念を現場で数量的に実証したのが、リンデマン (1915-1942) によるアメリカのミネソタ州にある泥炭地の小湖での研究 (1942) と、ジュディーによるウィスコンシン州のメンドータ湖での研究 (1940) である。彼らは栄養段階ごとの生物量をエネルギー換算し、湖内での環境から基礎生産へ、基礎生産から高次生産に至る物質の移動とエネルギーの流れを明らかにした。

日本でもやや遅れて、生物生産力に関する研究が諏訪湖で、宝月欣二、北沢右三、白石芳一、倉澤秀夫により 1945 (昭和 20) 年頃から始められた。第二次世界大戦終結直後の時期でもあり、研究環境は極めて厳しい時期であったが、同郷の 4 人にとって諏訪湖は格好の研究場となった。この研究チームには、その後、市村俊英、半谷高久、西條八束らが参加し、日本の生物生産力研究の中心的役割を担っていくことになる。この研究の最中に吉村信吉も諏訪湖研究を行っており、チームの研究が一段落したら一緒に研究をしようと誘っていたが厳冬期の氷上観測で殉職、その望みは叶えられなかったと、宝月欣二 (1913-1999) は回顧している。

宝月らの研究は複数の研究者による団体研究である。各栄養段階の異なる生物群集を専門とする研究者が共同して、湖沼を一つの生態系として研究する団体研究として新しい取り組みでもあり、その後の湖沼研究態勢に大きな影響を与えた。

1945 年、第二次世界大戦が終結し、世界秩序が安定に向かうと、世界人口は急激に増加の道をたどり、人口爆発という言葉が使われるようになった。世界の人口増はやがて地球全体の食糧危機につながりかねない。そこで、事前に地球上の生物生産力の総量を知るための基礎資料が必要になった。いわゆる地球の収容力の算定である。非政府組織である国際科学会議 (International Council for Science；通称 ICSU) は世界各国の研究者に呼びかけ、国際生物学事業計画 (International Biological Program；通称 IBP) を企画した。この IBP 研究には数十カ国が参加し、1965 (昭和 40) 年から 1974 (昭和 49) 年までのおよそ 10 年をかけて研究が行われた。

IBP の区分する生物生産力の研究対象は、陸上生態系、耕地生態系、陸水生態系、沿岸海域生態系の四つの生態系と、人間の住環境の保全に関する分野であった。最初の 1 年は方法論の検討と、生産力測定などの研究手法の統一に当てられた。本書の主題でもある陸水生態系に関しては当時京都大学教授森主一がまとめ役となり、湖沼と河川についての生産力研究が始められた。

対象とした湖沼は貧栄養湖としての琵琶湖 (代表：三浦泰蔵、参加研究者 30 名)、中栄養湖として日光湯の湖 (田中昌一・白石芳一、30 名)、富栄養湖として諏訪湖 (小

泉清明・倉澤秀夫、13名）、酸性湖として裏磐梯湖沼群（山本護太郎、17名）、人造湖として児島湖（伊藤猛夫、32名）、このほかに熱帯湖沼としてはアジア各地の湖沼についての予備調査が行われ、研究環境の整っていたマレーシアのベラ湖が日英マの三国共同研究という形で（森主一・水野寿彦、13名）選定された。河川では北海道のユーラップ川（久保岳郎・佐野誠三、15名）と和歌山県の吉野川（津田松苗、18名）が選定され、養魚池（伊藤隆、32名）も研究対象とした。

　熱帯湖を除く4湖沼、2河川、1養魚池の参加研究者は総勢187名にも及び、当時の生物系陸水学研究者のほとんどと、その傘下にあった大学院生を含む大がかりな生物生産力研究であった。それぞれの研究結果は『JIBP Synthesis』10巻（東京大学出版会、1975）に収録されているが、その間に研究方法の統一を目指した『生態学研究法講座』（共立出版）を刊行するなど、以後の陸水学研究の発展に大きく貢献した研究としても評価される。宝月らが4名で行った研究が基礎となり、これほどまでに大がかりな研究態勢がとれるようになった下地には、生物生産力研究の基礎面での発展とそれらの研究に従事できる研究者層の厚さがあったことも忘れることはできない。さらに、石川日出鶴丸によって開設された京都大学大津臨湖実験所、戦後開設された信州大学理学部附属諏訪臨湖実験所（1957年開設）、水産庁水産研究所日光支所（1964年開設）などが研究進展に生かされたことは、陸水学研究に野外研究施設の存在が重要であることをも示している。

　マレーシアのベラ湖で行われた熱帯湖沼の研究については、その選定の経緯、エピソードを含めて水野寿彦『東南アジアの湖沼』（NHKブックス、1980）に詳しく紹介されている。IBP研究の一環として、東南アジアの熱帯湖沼は日本とマレーシアが担当したが、熱帯アフリカはイギリス、フランス、ベルギーが担当、南米アマゾン流域は西ドイツが担当した（図3-16）。

　熱帯湖沼の研究はこのIBP研究が最初ではない。ティーネマン、ルットナー、

▲図3-16　マレーシアのベラ湖研究グループ。写真は大津臨湖実験所前にて、1974年撮影。中央が代表の森主一、森の右隣はマレー大学のフルタド教授、続いて手塚泰彦、森の左隣は水野寿彦、続いて水野信彦、右端は沖野（著者）

フォイヤーボルンにより、スンダ諸島陸水研究旅行（1928-1929）が世界初の大がかりな陸水湖沼調査である。その調査の結果は、ヨーロッパの湖沼を中心に進められていた湖沼の類型化研究に大きな影響を与えることになった。調査された湖沼は、東部ジャワのラモンガン火口湖群、中部ジャワの陸水、スマトラ島のトバ湖、ラナウ湖、シンカラク湖、アタス湖、マニンジョウ湖、バリ島のブラタン湖とバトウル湖であった。当時の交通事情や観測機器・技術を考えると、このおよそ1年をかけての調査行は並大抵のことではなかったに違いないし、さらにそれらの資料をまとめ、論文として発表が終わるまでには30年近い歳月がかけられたほどの偉業として伝えられている。

　ティーネマンらのスンダ諸島陸水調査の直後、1932年にはドイツのウォルテレクによる東南アジア「ウォレシア」陸水研究旅行が行われ、76の湖沼が調べられた。ウォレシアはアメリカのメリル（植物学者）とディッカーソン（地質学者）により設定された生物地理学上の特別地域で、フィリピン、スラウェシ、ハルマヘラを中心とする地域である。

　アフリカの湖沼に関しては、ティーネマンらの研究旅行と同じ頃、イギリスのグラハムによりビクトリア湖の水産調査が行われた（1927-1928）のが最初である。その後、ウガンダ政府の要請により、ウォーシントンがバート湖とキオガ湖を対象として魚類を中心とする湖沼研究（1929-1931）を行った。しかし、陸水学上の調査に先鞭を付けたのは動物学者ゼンキン女史（1929-1936）であると、上野は紹介している。日本でも、京都大学のグループがタンガニーカ湖でシクリッド科魚類の進化、行動に関する研究を1979年から継続して行っている。

　いずれにしても、1930年前後の熱帯湖沼調査は「研究旅行」と銘打っていることからも知られるように、現在では考えられないような探検旅行的な内容であったと思われる。時が経って現在も、熱帯の湖沼調査は諸事に困難を伴うが、温帯に住むわれわれ陸水学者にとってのあこがれでもある。1978（昭和53）年に来日したブラジル、サンカルロス大学の陸水学者ツンディシの要請で、西條八束（1924-2007）が初めてブラジルへ向かったのは1979（昭和54）年のことであった。西條を代表者として、1983（昭和58）年に発足する文部省の海外学術調査「日本・ブラジル海外共同調査」のきっかけとなった旅行である。お膳立ては、JICAから派遣（1974-1976）された東京都立大学（当時）の中本信忠、1977（昭和52）年に文部省在外研究員として派遣された香川大学の須永哲雄によって行われていた。その後、日本学術振興会とブラジル科学アカデミーとの人物交流協定が締結され、ツンディシ教授の来日、西條のブラジル訪問という段取りであった。調査対象はブラジル東南部にあるリオ・ドッセ湖沼群であった。この

調査の一環として、南米大陸中央部に広がるパンタナル大湿原についても予察的な調査が行われ、日本側研究者に大きな関心を抱かせた。西條はこれらブラジルでの熱帯湖沼研究について『湖は生きている―自伝的研究史―』(蒼樹書房、1988) の中で概略を紹介している。

熱帯湖沼とは異なり、世界の古代湖の一つバイカル湖についての国際共同研究が1990年から始められている。きっかけは、バイカル湖国際生態学センター (通称BICER) の設立 (1990年) であった。日本でも生態学研究者を中心に集会がもたれ、陸水学関係の研究者も参加、1991年から活動を開始、毎年調査団を送り、研究が始められた。現在でもBICER協議会のもとで、調査、研究が継続されている。その経緯、研究初期の成果は『バイカル湖―古代湖のフィールドサイエンス』(森野浩・宮崎信之編、東京大学出版会、1994) に詳しく述べられている。

IBP研究以後の陸水研究は地球環境研究の一環として、「人間生存」、「人間と環境 (Man and Biosphere project：通称MAB)」へと国際共同研究の形で研究は続き、さらに文部省 (当時) による環境科学特別研究へと進展した。研究者も研究者数ばかりでなく、工学や数学部門からの研究参加もあり、国外ではチェンとオルロブ (1975) によるワシントン湖の研究、国内では池田三郎らによる琵琶湖モデル (1976)、田中哲治郎ら (1977) による諏訪湖モデルの提案など、システム論的な研究手法が取り込まれるようになった。

さらに、実験研究として、屋内、屋外でのモデル実験としては小規模ではあるが、ブロック (1974) による連続培養実験による植物プランクトンの比増殖速度研究、栗原康 (1975) によるミクロコスム実験など、湖沼生態系解析の基礎となる研究が行われている。

自然条件下での水塊隔離実験も、湖沼生態系解析を目的としての実験研究である。マクアリスタら (1961) による隔離水塊実験は内湾で行われたが、これは植物プランクトンのブルームが起こるメカニズムを解析する目的で行われたもので、直径6m、容積は125m^{3}の巨大なプラスチックバッグを水中に浮かしたものであった。日本でも諏訪湖で、固定式メソコスム実験が行われた (林秀剛ら、1972)。諏訪湖での目的も、植物プランクトンのブルーム (俗称アオコ) 発生機構を解析する目的の研究に用いられたものである。その後、西條八束を代表とする文部省ミニ特定研究「メソコスムによる水域生物相互作用系の実験的解析」が1985年から3カ年計画で始まり、その成果は『メソコスム湖沼生態系の解析』(西條八束・坂本充編、名古屋大学出版会、1993) として刊行された。以後も、各地の湖沼や内湾で大小様々な規模でのメソコスム実験が、湖沼の

富栄養化現象や生物群集相互間の関係解析を目的として行われるようになっている。

　生態系内の生物群集相互間の関係を解析する手法として提案されているのが、各栄養段階に所属する生物体内に存在する炭素と窒素の安定同位体比の利用である（安藤喬志・和田英太郎、1985）。その適用例として、吉岡崇仁（よしおかたかひと）らは、木崎湖、諏訪湖における食物連鎖系の解析を行い、成果を上げている（Yoshioka T. *et al.*, 1988; 1989）。その後、様々な研究機関に分析機器が設置され、研究者による利用も進み、安定同位体比を用いた研究は多くの場で用いられるようになっている（p.93～97のTopics7および8を参照）。

　河川では、後述する水質汚濁に関わる研究で、1960年頃にスイスのチューリッヒ工科大学で実験水路による研究が行われたのが最初である。わが国でも（財）資源科学研究所で1961（昭和36）年に手塚泰彦らにより、スイスの水路を参考にして全長31m、水路幅50cm、水路勾配100分の1の循環型実験水路がつくられ、水質汚濁に伴う河川付着生物の遷移過程の研究が行われた。その後、土木研究所でも同様の実験水路がつくられているが、共に大きな成果を上げるまでには至らなかった。屋外に設置されたこの種の大規模な実験水路のほかに、屋内での小規模な水路実験も行われている。マッキンタイアーら（1964、1965、1966、1969）は水路全長83cm、水路幅7cmの2連水路に水を循環させ、光と水温を調節して、付着藻類の生産力の測定を行った。その他にも室内での小水路を用いた研究が行われているが、マッキンタイアーらと同様に、河川の基礎生産者である付着藻類の生産力研究や、水生昆虫や魚類の流れに対する行動を観察する目的で使われている場合が多い。屋外の大規模な研究施設としては、木曽川（きそがわ）河畔に1998（平成10）年に設立された独立法人土木研究所自然共生センターがあり、一般の研究者も研究計画を提出し、採用されれば使用可能となっている。

　以上、フォーブスとフォーレルの提案からおよそ100年以上が経過し、湖沼生態系での物質循環や生物群集相互の関係解析が進められているが、その一端を紹介した。詳しくは本書の第一部第2章「湖を見る・知る・探る」を参照されたい。

5　水質汚濁と汚水生物学

　太古の昔から、水質の良い場所、水量の豊かな場所には集落がつくられ、やがて都市へと発展していった。しかし、人口が多くなり、都市が発展すれば生活排水の量も当然多くなり、排水の影響を受ける下流は汚染を免れない。水の汚染と上水の枯渇は、各地の古代文明を破綻させた原因とも目されている。

　古くは、ギリシャのヒポクラテスが、水質の善し悪しについて「湿地や沼地の、よど

んだ所の水は疾病の元であり、好ましくない水」と表現し、溜まり水よりも流れている水のほうが上水として適していることを経験から示している。しかし、流れている水でも汚染に対する浄化能力には限界がある。

　河川水の汚染の歴史は、19世紀初頭のイギリス・テムズ川の汚染に始まる。原因は、産業革命による工業の発展と都市への人口集中である。飲料水とする上水は上流部から取水するが、排水は下流に放流する。水使用量が増加すればなるべく都市に近い、水量の多い地点から取水を行おうとするが、下流の汚染は排水量の増加により上流部へと広がっていく。その状況をランベ（1828）は王立水道委員会で「水道の水は極めて有害、とりわけテムズ川の水は腐敗状態にある」とロンドン市民に警告した。しかし、彼の発言は周囲から真剣に受け止められなかった。水質に関する研究も遅れていて、適切な水質分析手段も整っていなかった頃のことである。

　現在使われている有機物汚染の指標はCOD（化学的酸素要求量）とBOD（生物化学的酸素要求量）である。CODの基礎となる過マンガン酸カリウム消費量の概念は1846年に提出されていたが、COD測定法が確立したのは1870年代になってからであった。さらに、重要な水質測定項目である水中の溶存酸素分析法は、1850年代にブンゼンにより提案された。その結果を受けて、1855年に英国王立委員会が行った河川水質調査が、科学的水質調査としては世界最初のものであった。しかし、現在、溶存酸素分析法として使用されているウインクラー法は、ウインクラーにより1888年に確立されたものである。この溶存酸素分析法の確立により英国王立地下水処理委員会はより直接的な有機物汚染の指標としてBOD測定法の開発を提案した。しかし、BOD測定法が確立したのはアメリカ公衆衛生学会（1914）でのことであった。

　水が汚染されると、水中の溶存酸素量が減少し、アンモニアが増えることは経験上知られていたが、アンモニアの分析法であるネスラー法が開発されたのは1856年であった。ネスラー法は水中のアンモニア測定に関しては優秀な分析方法で、1970年代までは多く使われていた。しかし、分析試薬として水銀を使用することから排水処理の問題もあり、近年はあまり使われていない。

　河川の化学的研究がテムズ川の汚染を契機として発達したように、河川生物の研究でも汚染と関係して発展した分野がある。それは20世紀初頭にドイツのコルクウイッツとマールソンにより提案された腐水生物体系である。コルクウイッツは植物性腐水生物体系（1908年）を、マールソンは動物性腐水生物体系（1909年）を提案、併せてコルクウイッツ・マールソンの腐水生物体系とされた。

　水域に生息する動植物はその場の環境に合わせて分布しているが、汚染した水域でも

それぞれの汚染状態により生物種、個体数を変えて分布している。これらの考え方を日本に汚水生物学として紹介したのは、津田松苗である。津田松苗（1911-1975）は1935年に京都帝国大学を卒業した動物学者である（図3-17）。1937年から1939年にかけてドイツ・ミュンヘンに留学、そこでリープマンと親交を持ったのが汚水生物学に傾倒するきっかけとなったのであろうと、上野は述べている。津田松苗の汚水生物学は、その後、奈良女子大学の渡辺仁治、森下郁子に引き継がれ、発展した（図3-18）。

日本で都市近郊の水域が著しく汚染されるようになったのは1960年代に入ってからである。隅田川の汚染を代表例として、やがて水道水源として使われていた多摩川中流域も激しい汚染にさらされた。そして、河畔に設置されていた浄水場の地下水までもが汚染され、使用停止になっていった。当時東京都水道局に勤務していた小島貞男は、水道水質管理の立場から河川・湖沼の水質を研究し、その後水博士として世間に名を知られるようになったが東京都や神奈川の水道関係者には多くの陸水学会会員が勤務していた。

▲図3-17　猿谷ダムモニタリング調査時の津田松苗。1959年大台ヶ原にて撮影。この時の調査で河川におけるpHの日変動を測り、日本の河川でも付着藻類による光合成の結果、pHが時間的に変動することを初めて記載した。写真提供：森下郁子

大都市周辺の河川水質悪化が社会問題となりつつあった1960（昭和35）年頃、科学技術庁（当時）の依頼を受けて（財）資源科学研究所に水質研究部門が設置され、当時東京都立大学に在職していた半谷高久が兼任で化学部門を統括、地理部門には法政大学と兼任の三井嘉都夫、生物部門は東邦大学と兼任の倉澤秀夫、魚類は専任の中村守純が担当し、隅田川、荒川、中川の水質汚濁調査が行われた。各河川の汚染実態を学際的に調査、研究したわが国最初の研究チームとも言える。その後、湖沼の富栄養化現象が各地で表面化するようになると、関東地方を中心とする河川や、

▲図3-18　津田松苗（右）と森下郁子（左）。佐用ライオンズクラブの生物モニタリング会場（千種川：先般洪水があった所）にて撮影（1964年）。写真提供：森下郁子

▲図3-19 資源科学研究所（1941年開所）の20周年行事での集合写真（1963年撮影）。当時、多くの陸水学研究者が、水質汚濁研究に取り組んでいた。前列左から4人目が小倉謙所長、続いて安芸皎一理事長、朝比奈泰彦前所長、馬渡静男常務理事、右端が三井嘉都夫。そのほかにも、その後日本陸水学会で活躍するメンバーの顔が見られる

霞ヶ浦、諏訪湖などの湖沼についての実態調査が行われるようになり、資源科学研究所が国立科学博物館研究部に一部吸収される1971（昭和46）年まで調査、研究が続けられた。当時、資源科学研究所で水質汚濁研究に関係した研究者には多くの陸水学関係者があり、その活躍は現在も続いている（図3-19）。

1962（昭和37）年にはロンドンで第1回国際水質汚濁研究会議が開催され、2年後の1964（昭和39）年には第2回同会議を東京で開催した。その会議開催をきっかけとして日本水質汚濁研究会が1971年に設立され、水処理、水質汚濁研究が全国的に進展していった。やがて、研究内容が環境保全にまで広がりを見せるようになり、前述したように学会名を「水環境学会」（1991年）に改称、現在に至っている。

6　地理学的研究

陸水学に関係する地理学分野での研究は水収支と地下水に関係するものが多い。1950（昭和25）年に刊行された『日本地下水関係文献目録1』によれば、1903（明治36）年

地質要報3号に掲載された伊木常蔵の「鎌倉の水脈調査報告」が最も古い報告である。陸水学雑誌に登場する最初の地下水に関する報告は上野益三による「秋吉台の地下水とその動物」(1933)であるが、純粋な地下水研究ではない。陸水学雑誌に登場する地下水研究そのものの報告は、矢嶋仁吉 (1935)「武蔵野台地の地下水」が初めてである。吉村信吉も関東地方の地下水や富士山麓の地下水調査を行っていたことは、同行した三井嘉都夫が前述の思い出 (1996) でも記している。その最初の報告は吉村信吉・山本荘毅 (1936)「千葉市西北部下部台地の地下水」であり、共著者の山本荘毅、矢嶋仁吉、辻本芳郎、今村学郎らにより、その後地下水研究が続くことになる。1960年前後からの都市開発の波は地下水の水位低下や地盤沈下を引き起こし、地下水の賦存様式の解明や地下水管理などに関心が向けられるようになる。

山本荘毅は、地理学の立場から「地球科学講座」(第9巻)『陸水』(共立出版、1968)の編集にあたった。その序説で、山本は「陸水学は自然地理学の1分科である」とし、その学問的特徴を、「1) 境界科学であること、2) 実用科学であること、3) 未完成科学であること、4) その扱う対象はH_2Oという水そのものではなく、地域に属した、あるいは地域の一部分としての水であり、そして、常に水文学的条件という束縛を受けている」としている。この『陸水』の章立てと担当著者は次のようになっている。

第1章 陸水学序説 (山本荘毅)、第2章 陸水の基本的性格 (陸水の流動：井口正男、陸水の温度：新井正、陸水の水質：平山光衛)、第3章 陸水の循環 (榧根勇)、第4章 陸水の水収支 (市川正巳)、第5章 河川 (荒巻孚、高山茂美)、第6章 湖沼 (湖盆、物理的性質、化学成分、湖底堆積物と古陸水学、生産、生産からみた湖沼型：堀内清司)、第7章 地下水 (柴崎達雄)、第8章 氷雪 (大浦浩文)、第9章 陸水学の諸問題 (山本荘毅)

以上は、地理学の面から見た陸水学の構成であるが、序説に山本が述べているように、自然地理学の1分科として陸水学を概観したものであり、陸水学会に所属する生物学を専門とする会員にとっては不満の残るところであろう。しかし、総合科学として未だ完成していない陸水学には学として様々な問題があることは確かであり、総合科学として完成した将来の陸水学がどのようなものであるかは、陸水学会にとってこれからの重要な課題である。

地理学的研究の詳しい内容については上記『陸水』を参照されたい。

7 河川に関する陸水学的研究

　陸水学の研究対象の多くは湖沼である。しかし、河川も陸水の重要な部分を占めており河川学（potamology）として発達してきた分野でもある。上野（1977）は、渓流についての陸水学的研究に先鞭を付けた例として、スイスのシュタイマンによる「山地渓流の動物界」（1907）と、ティーネマンによる「ザウエルランドの山地渓流」（1912）を挙げている。それから10年後になると、フランスのユーボール（1886-1961）が、急流に生息する無脊椎動物と溶存酸素量との関係を中心に「急流性無脊椎動物の研究」（1927）を発表し、この時期から各国で渓流に関する研究が相次いで発表されるようになった。

　上野益三も欧米での渓流に関する研究に刺激され、カワゲラ、カゲロウなどの水生昆虫に関する研究を行い、わが国初めての渓流研究として「上高地及び梓川水系の水棲動物」（1935）として発表している。この時期活躍した研究者に、可児藤吉（1908-1944）と今西錦司（1902-1992）がいる。可児は生息する生物の生活環境と河川形態との関係に注目し、渓流河川の形態的分類を行った（1944）。可児の分類は現在でも使われ、川那部浩哉ら（1956）は、さらに詳細な地形分類へと発展させている。一方、今西は同じヒラタカゲロウ科の幼虫でも属の違いによって生活型が違うことに着目、渓流の環境とヒラタカゲロウ属の分布との関係を明らかにした（1938）。この研究の視点が基礎となり、今西の思考はやがて生物の棲み分け理論へと発展していくことになる。この時期、渓流の植物に関する研究はまだ少なかった。

　河川の水系全域にわたる研究として、上野は1900年前後に行われたフォルブスによるイリノイ川、ラウターボルンによるライン川、ベーニングのヴォルガ川の研究を古典的な研究として挙げている。しかしそれ以降、第二次世界大戦が終結し、世の中が落ち着くまでは水系全体を扱う研究で見るべきものはなかった。上野が最も総括的であるとして紹介している、リーボルト編集の『ドナウ河の陸水学』が発刊されたのは1967年になってからである。

　日本においては、第二次世界大戦の戦中から戦後にかけて水生生物を中心とした研究が行われているが、地球化学的な研究としては、小林純（1960）による河川の平均水質に関する研究は特筆に値する。調査された河川は日本国内ばかりでなく（毎月の調査で、225河川、18年間）、東南アジア全体（102河川、4年間）にまで及んでいる。当時のわが国は水質汚濁が深刻になる前であったことから、わが国の河川の基本水質として貴重な資料となっているが、当時の分析法の限界もあり、現在では古典的な河川水質

研究と位置づけられている。しかし、小林はこれらの河川水質と流域住民の疾病との関係に関しても言及しており、地理学的、水文学的な面でも、また以後の地方陸水学の基礎としても評価し得ると、上野は賛辞を送っている。

河川は人間の生活に近い存在で、上水、農業用水、発電用水として利用されるばかりでなく、洪水などによる災害の原因ともなってきた。そのために、上流部には各種利水のためのダムがつくられ、土砂崩壊防止のための砂防ダムがつくられてきた。また、中流、下流では流路改修や巨大な堤防が当然のようにしてつくられてきた。しかし、河川工学でも、河川を1個の有機体として、あるがままの河川を理解したうえで河川工事を行おう、という考え方が、1941（昭和16）年から1942（昭和17）年にかけて安芸皎一により提唱されていた。安芸皎一の「河相論」である。安芸は「河川は実在するものであり、実在するものは特殊性を持っている。水と土地、さらにそれへの人間の働きかけの集積されたものが現在の河川として表現されている。この実在する河川の姿を河相という言葉で表現した」。さらに「われわれは河川を一個の有機体である河川として見なければならない。しかも河川はきわめて複雑な環境条件の下に不断に変化してやまないのである。不動と考えるのは、その瞬間の形相であり、変化するということがその本質である。流水にしろ、河床にしろ、瞬時も休みなく、変化するとともに、それぞれはまた相関的に変化する」と安芸は自著『河相論』（常磐書房、1944）の中で記している。

安芸皎一は1902（明治35）年、新潟市に生まれた。1926（大正15）年、東京帝国大学工学部土木工学科を卒業以来、河川工学の現場や土木試験所で活動している。第二次世界大戦終結後は東京帝国大学第二工学部教授を兼務、経済安定本部資源委員会（後資源調査会）、日本学術会議に関係し、安芸の関心は治水から水資源へ、さらに資源全体の問題へと広がっていった。これまでに陸水学関係の先人として紹介した人たちとはひと味違う人物であり、陸水学の直接の研究者ではないが、社団法人水温調査会、社団法人国際技術協力会、財団法人資源科学研究所、日本河川開発調査会などの会長、理事長を務め、陸水学研究者、特に河川研究者にとっては身近な存在であった。安芸皎一の業績に関しては、『川の昭和史』（東京大学出版会、1985）に「安芸皎一著作集」として掲載され、高橋裕が最後に「解題」としてその足跡を紹介している。

第二次世界大戦後の日本の復興はめざましく、都市の基盤整備とともに土木技術も急速に発達した。さらに、災害に対する対策として洪水調節を目的とするダムや河川改修が全国的に行われるようになる。大都市周辺の河川が改修と水質汚濁により人々の生活から遠のくにつれて、河川の自然は急激に変質し、人工的なコンクリート護岸や、三面張りの水路と化していった。この傾向は中流域から下流域にかけて、1960年代からさ

らに拍車がかかったが、次第に地方の中小都市周辺、農村部にまで広がっていった。

　1970年代後半になると、水辺の親水性の回復と水辺景観保全の必要性がようやく認識されるようになる。一方、ヴァンノオトら（1980）により、河川全体を物質の供給、運搬、利用、貯蔵の一連の連続的な系として見る河川連続体の概念が提案された。そして、河川環境についてもっと総合的な視点での河川管理が必要という機運が醸成されていった。それが現実化したのが1996（平成8）年の河川法の改正である。新「河川法」には従来の治水と利水に、新たに環境が加わり、河川管理の面からも環境からの視点が加わった。しかし、河川を土木工学的に管理してきた過去の手法から環境面を考慮した管理手法に変更するには、自然を扱う生態学の視点を土木工学に組み込む必要がある。

　1993（平成5）年、山岸哲、大島康行らの発案で、河川工学と生態学の研究者が同じテーブルで議論する場として、河川生態学術研究会が設立された。もちろん、集められた生態学者の中には陸水学研究者も加わっていた。しかし、陸水学を専門とする研究者でも、流域という概念は理解し始めてはいたが、付着藻類を扱う者、水生昆虫や魚類を専門とする者、水質が専門の者、流量・流速など物理的な現象を扱う者、と個々の分野について河川を利用してきただけで、河川を総合的に研究していた者は皆無に近い状態での出発であった。研究会の中での議論も当初はなかなかかみ合わず、迷路に迷い込みそうな日々が続いたことを記憶している。

　結論の出ない議論を続けるよりは現場主義に徹して、実際の河川で工学、生態学の専門研究者と河川管理者が一緒に仕事をするほうが理解が早い、ということで始められたのが実河川での共同研究であった。最初に取り上げられた河川は、都市の影響を受け、以前環境科学研究のフィールドともなっていた東京の多摩川と自然環境が未だ残されていると思われる長野県の千曲川であった。研究代表者は多摩川が地球化学の小倉紀雄、千曲川が陸水生態学の沖野外輝夫である。その後、研究河川は木津川（代表：辻本哲郎）、北川（代表：小野勇一）が加わり、さらに、蛇行再生実験を行っていた標津川（代表：中村太士）を加えて行われた。2008年からは、河口部に静水域の十三湖を持つ青森県の岩木川が研究対象河川として研究が開始されている（代表：佐々木幹夫）。

　研究成果はそれぞれに、年度報告を事務局となっている財団法人リバーフロント整備センターに提出、公開しているが、第一期を終えた多摩川については「水のこころ誰に語らん─多摩川の河川生態─」（財団法人リバーフロント整備センター、2003）に、千曲川については「洪水がつくる川の自然─千曲川河川生態学術研究から─」（信濃毎日新聞社、2006）に、一般向けとしてまとめられている。研究メンバーとしては河川土木や陸水学関係者以外に、陸上動植物を専門とする生態学研究者も参加している。以上

の研究体制については、自然科学研究者が応用工学や為政者の体制に取り込まれるのではないかという危惧も持たれている。それらの危惧を払拭するには、参加する研究者への扉の解放と得られた成果を広く公開し、開かれた議論の場を持つことが必要であろう。しかし、現状の研究体制が決して閉じられているということではない。

　各研究河川での共同研究は、現在も継続して続けられている。ようやく、河川に関しても流域を意識した総合的な研究が行われるようになってきたが、現状では流域全体にまで広がる「河川誌」的な研究にまでは至っていない。

最後に

　本文には入れることのできなかったユニークな研究としては、古くからの絵画、あるいは文学描写を歴史的に綴ることによって地域の景観の変化を解析した例があるが、このような人文地理学的研究も陸水学の範疇に入れることができる。事実、陸水学雑誌の論文として谷口智雅「東京における文学作品中の生物的・視覚的水環境表現からみた水質評価」が『陸水学雑誌』第56巻1号（1995）に掲載されている。そのほかにも、紹介することのできなかった数々の陸水学研究が過去にも現在にも多くあり、それらを紹介できなかったことについて各研究者にお詫びしたい。

　陸水学は学際的な総合科学である。その内容を紹介するにはあまりにも広い分野であり、単独ですべてを紹介することは難しい。上野益三による著作『陸水学史』は膨大な資料でまとめたもので、本書でも多くを引用、あるいは参考にさせていただいている。しかし、本稿を担当した著者の専門が生物学であり、内容は生物学に偏らざるを得ない。ましてや本書は陸水学の歴史を書く目的ではなく、一般の方々への入門的な紹介を目的としているので、詳細な記述にはほど遠いものとなったことをお許しいただきたい。

　しかし、1学問分野の研究発展史にとって、先達の研究者に敬意を表する意味でも、人名と地名・年代を省くことはできない。また、わが国の陸水学が世界の陸水学と緊密な関係を持って発展してきたことを考えると、わが国の研究と世界の事績とを照合することも重要なことである。本稿では以上のことを考慮し、編集方針に反して、あえて人名と世界の状況を取り入れてみた。これはすべて本稿著者の責任であることを最後に記して本稿の筆を置くことにする。

参考文献

安芸皎一（1985）「川の昭和史（安芸皎一著作選）」東京大学出版会、455pp.
可児藤吉（1952）「木曽王滝川昆虫誌―渓流昆虫の生態学的研究」長野県福島町、木曽教育会、216pp.
川村多實二（1918）「日本淡水生物学、上・下」裳華房、579pp.
半田暢彦・金成誠一・井内美郎・沖野外輝夫（1987）「湖沼調査法」古今書院、215pp.
林秀剛・宇和紘・沖野外輝夫編（1992）「川と湖と生き物―多様性と相互作用―」信濃毎日新聞社、270pp.
Horie, S. (1974) Paleolimnology of Lake Biwa and the Japanese Pleistocene (2nd issue). Otsu. 288pp.
水野寿彦（1980）「生物学者のみた　東南アジアの湖沼」日本放送出版協会 NHK ブックス、214pp.
森野浩・宮崎信之編（1994）「バイカル湖―古代湖のフィールドサイエンス―」東京大学出版会、267pp.
小倉紀雄・河川生態学術研究多摩川研究グループ、大島康行監修（2003）「水のこころ誰に語らん―多摩川の河川生態―」(財) リバーフロント整備センター、189pp.
沖野外輝夫（2002）「新生態学への招待　湖沼の生態学」共立出版、194pp.
沖野外輝夫（2002）「新生態学への招待　河川の生態学」共立出版、132pp.
沖野外輝夫・河川生態学術研究会千曲川研究グループ（2006）「洪水がつくる川の自然―千曲川河川生態学術研究から―」信濃毎日新聞社、252pp.
西條八束（1988）「湖は生きている」蒼樹書房、238pp.
西條八束・坂本充編（1993）「メソコスム―湖沼生態系の解析―」名古屋大学出版会、346pp.
信濃木崎夏期大学事務局（2006）「開講九十周年　沿革概要」北辰印刷、192pp.
菅原健（1979）「続たまゆら」東海大学出版会、458pp.
田中日出夫・沖野外輝夫（1979）「生態学研究法講座第 10 巻　生態遷移研究法」共立出版、177pp.
田中阿歌麿（1918）「湖沼学上より見たる諏訪湖の研究、上下」岩波書店、1682pp.
田中阿歌麿（1926）「野尻湖の研究、附：犀曲（犀川・千曲川）地方の湖沼」信濃教育会上水内部会、741pp.
田中阿歌麿（1927）「趣味と伝説　湖沼巡礼」日本学術普及会、322pp.
田中阿歌麿（1930）「日本北アルプス湖沼の研究」古今書院、1036pp.
田中阿歌麿（1940）「湖」岡倉書房、257pp.
田中阿歌麿（上野益三編）（1954）「松原湖群の湖沼」長野県臼田町南佐久教育会、440pp.
津田松苗（1964）「汚水生物学」北隆館、258pp.
津田松苗（1972）「水質汚濁の生態学」公害対策技術同友会、240pp.
上野益三（1977）「陸水学史」培風館、367pp.
山本荘毅（1968）「地球科学講座第 9 巻　陸水」共立出版、347pp.
吉村信吉（1937）「湖沼学」三省堂、720pp.
吉村信吉（1941）「科学文化叢書6　湖・沼」誠文堂新光社、236pp.
吉村信吉ほか、太平洋協会編（1943）「太平洋の海洋と陸水」岩波書店、754pp.

COLUMN

日本における陸水学研究の変遷

　1931年に設立された日本陸水学会の機関誌は『陸水学雑誌』である。この機関誌に掲載された論文を1999年までたどってみると、日本での陸水研究発展の軌跡を知ることができる。陸水学は陸水の総合科学であると吉村信吉が述べているが、その主な学問分野は生物学、地理学、物理学と化学の4分野である。図に示されているように、中でも生物学の論文が占める割合がほぼ50％を超えているのが特徴的である。次いで多いのが水質を中心とする化学分野で、その傾向は水質汚濁が社会問題として登場する1960年以降に目立つ。日本の陸水学の発展は以後も社会問題に大きく関係している。

　学会設立当初は会員数も少なく、論文数も年間10から20編程度であった。1944年からは第二次世界大戦の影響もあり、発刊されない年も多い。戦後は研究環境も劣悪であり、論文を作成することもままならない日々であったと推察される。それでも1949年には機関誌の復刊が成り、細々とではあるが、日本での研究再興の萌しが認められた。しかし、1970年頃までは陸水学会会員数は500人程度と少なく、発表論文数も10編程度で推移、学会活動の低迷期が続いていた。

　1960年頃からの所得倍増政策は、各地で水域の汚濁現象を招いた。その対策研究として水質汚濁研究が始められ、さらに1967年からは国際生物学事業計画（略称：IBP研究）による水域の生産力研究が開始された。その間、西條八束会長を中心としての機関誌編集体制などの学会改革もあり、1970年以降が陸水学研究の発展期である。1980年代は年間論文掲載数も30から40編に達し、会員数も1000人程度となり、学会活動も落ち着きを示すようになった。そのきっかけの一つが、1980年京都で開かれた国際理論応用陸水学会（略称：SIL）の開催であった。

　2000年以降については図には示されていないが、従来から課題となっていた英文論文誌『Limnoligy』が別途創刊された。英文誌の発行は、日本陸水学会が東アジアの陸水研究のセンターとして国際的に機能することを目指してのものである。

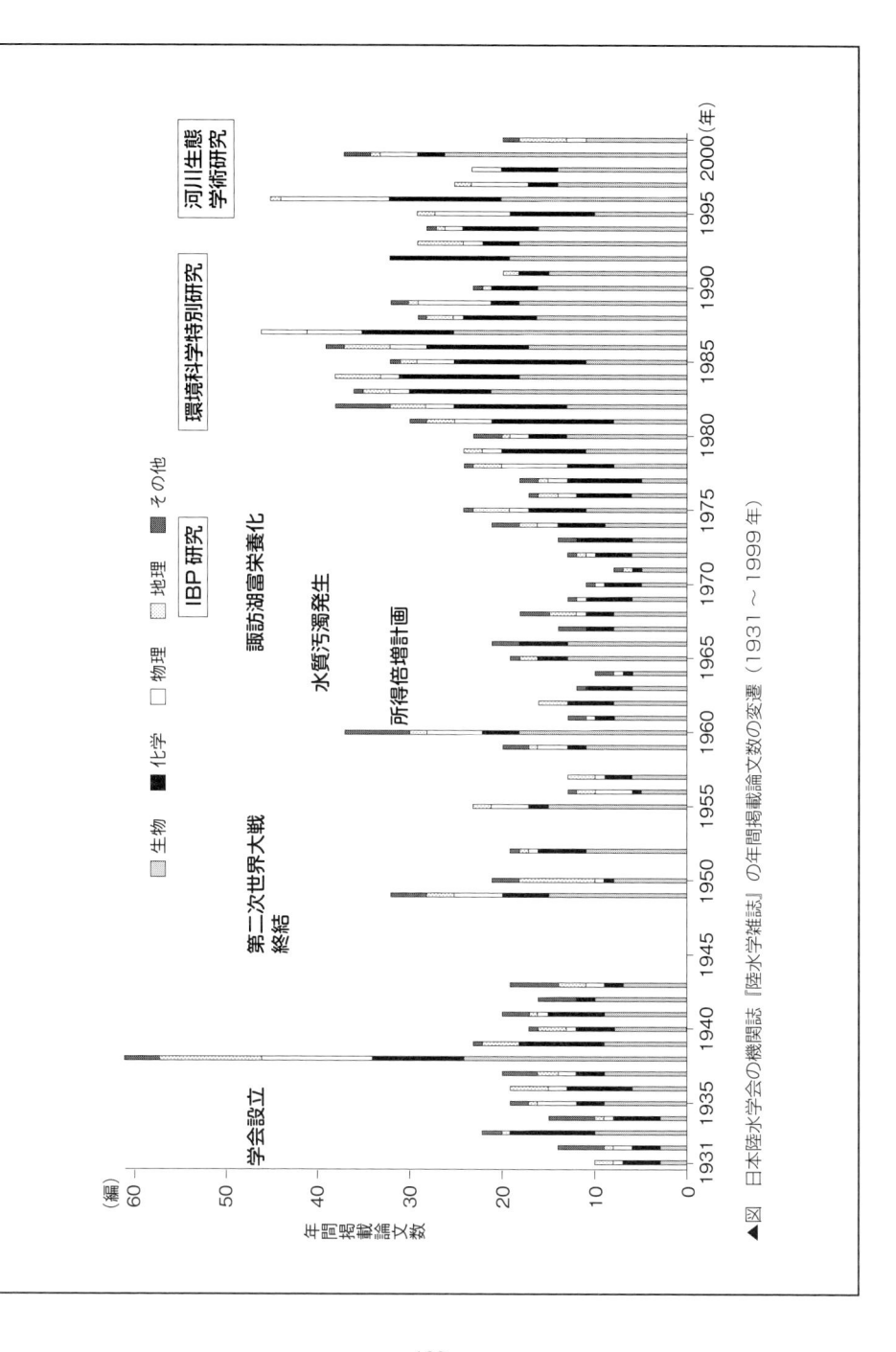

▲図 日本陸水学会の機関誌『陸水学雑誌』の年間掲載論文数の変遷（1931～1999年）

付 録

もっと詳しく知るために

村上哲生

川や湖の生物の生活や、それらが生きている世界のことに、少しは興味を持ってもらえたかと思う。しかし、この小さな本で語ることには限りがある。君たちが、川や湖の辺に立てば、この本には出てこない現象や生物にきっと出会うことだろう。楽しいことだが、また戸惑ってしまうかもしれない。世界の出来事がすべて書いてある魔法の本はないし、すべての疑問に答える万能の教師もいない。これから先は、君たちが自分の手で調べ、自分の頭で判断しなければならないのだ。とは言っても、道しるべとなる参考書や相談に乗ってくれる先輩たちを紹介しなければ不親切だろう。もっと詳しく川と湖を知るために、何が助けになるのだろうか。

1　水環境を調べる

　水の温度や流速、水質などの調査は、専門家だけにしかできない仕事だと誤解していないだろうか。確かに、それらを精度よく測定しようとすれば、特殊な機械や、取り扱いに注意しなければならない薬品、そして熟練が必要になる。しかし、新井（2003）の教科書を読めば、身近な日用品を利用することにより、ある程度の精度で、色々な項目の測定が可能になることが理解できるに違いない。流速を測定するときに流す浮子に水と同じ比重のリンゴを使うなど、現場ならではの楽しい知識が紹介されている。

　近年は、水質を知るための試薬をアンプルやポリエチレンのチューブに封じ、試薬と反応した水の着色で、酸素や窒素、リン濃度など様々な水質が測定できる道具も発売されている。小倉（1987）の水を調べるための教科書は、特に、化学的な調査の手法が詳しく紹介されている。調査方法だけではなく、水質などの違いから、川や湖の変化を読み解く解説もおもしろい。本格的な水質調査の方法であれば、少し古いが、半谷・小倉（1995）の教科書が優れている。分析方法は年々進歩するものだが、測定の意義やデータの解釈についての懇切な説明は古びていない。

▲図1　手作りの透視度計による川の濁りの測定。日本陸水学会東海支部会（2000）より転載

付録　もっと詳しく知るために

参考書

新井正（2003）水環境調査の基礎（改訂版）．古今書院．
半谷高久・小倉紀雄（1995）水質調査法（第3版）．丸善．
小倉紀雄（1987）調べる・身近な水．講談社．

2　生物の名前と生活を調べるための図鑑

　魚や水生昆虫、プランクトンなどの生物についての図鑑は、初歩的なものから専門家の使うものまで、様々なレベルの本が出版されている。川那部ほか（1989）の魚類図鑑は、日本の淡水魚318種の水中での生きた姿の写真が載せられている美しいものだ。水生昆虫の幼虫の名前を調べるならば、川合・谷田（2005）の図鑑が最も充実しているが、高価で、ある程度の知識がないと使いこなせないかもしれない。刈田（2000）の水生昆虫の写真集は、成虫と幼虫の美しい生態写真が載せられている。生態に関する記述もおもしろい。植物、動物プランクトンは、それぞれ、廣瀬・山岸（1977）、水野・高橋（2000）に詳しいが、記述は専門家向けで難しい。

　近年、インターネットのホームページ上に美しいプランクトンの写真が掲載されるようになった。東京学芸大学生物学教室（http://www.u-gakugei.ac.jp/~diatom/）や、滋賀県立琵琶湖博物館（http://www.lbm.go.jp/emuseum/）のホームページから検索できる。

　図鑑での種名の照合は、絵合わせだけに頼ってはいけない。形態や生態などの記述も一致しなければ、名前を安易に決定すべきでない。インターネット書店の普及により、海外の図鑑も、比較的安価に、また容易に入手できるようになった。日本の研究者がまだ手がけていない生物の名前を調べるには、海外の図鑑に頼らざるを得ない。プランクトンのような微小な生物は、世界共通の種類も多く、種名の確定に使える。また、魚類や水生昆虫についても、属名や科名までであれば同定できる。精緻な点描や美しい色刷りの図鑑も多く、眺めているだけでも楽しい。

　図鑑は、生物を調べるだけのものではない。水の循環や、川や湖の成り立ちを知るためには、雲や雨（高橋，1999）、地質（三木・古谷，1983）の図鑑も有用だ。

参考書

廣瀬弘幸・山岸高旺 編（1977）日本淡水藻図鑑．内田老鶴圃．
刈田敏（2000）フライフィッシャーのための水生昆虫小宇宙 Part Ⅰ．Ⅱ．つり人社．

川合禎次・谷田一三 編（2005）日本産水生昆虫―科・属・種への検索．東海大学出版会．
川那部浩哉・水野信彦・細谷和海 編（1989）日本の淡水魚．山と渓谷社．
三木幸蔵・古谷正和（1983）土木技術者のための岩石・岩盤図鑑．鹿島出版会．
水野寿彦・高橋永治 編（2000）日本淡水動物プランクトン検索図説（改訂新版）．東海大学出版会．
高橋健司（1999）空の名前（新装版）．角川書店．

3　川や湖をよく知るための読み物・教科書・辞典

　すでに絶版になっているが、ぜひ読んでほしい本がある。白石（1972）の『湖の魚』だ。諏訪湖（長野県）のワカサギの話が中心だが、豊富な調査データに基づいて、湖の生産や食物連鎖の考え方がわかりやすく、なおかつ専門的な要点を外さず、実にうまく書いてある。湖を知ることは、物質の生産とその流れの経路を知ることに他ならないとの姿勢が、明確に打ち出されている。40年も前の出版だが、今でも古さを感じさせない。古本を扱うインターネット書店で、手に入れることができるはずだ。

　諏訪湖を舞台とした湖の本には、そのほかにも良いものが多い。沖野（1990）、花里（2006）の本を読み比べてみると、湖の知識が時代とともに積み重なっていく過程が良く理解できる。

　低学年の子ども向きに書かれた本だが、西條・村上（1997）も、今まで紹介した本の考え方に沿って、湖内の現象が解説されている。水野（1980）は、海外での湖沼調査の楽しさと苦労がよくわかる本だ。

　人工のダム湖の陸水学については、翻訳書ではあるが、村上ほか（2004）が、また下流の河川への影響については、谷田・村上（2010）が詳しい。我が国のこの分野の草分けでもある森下（1983）も忘れられてはならない。

　川に棲む魚や水生昆虫を扱った本は多いが、川そのものを知るためには、少し物足りない。小出（1970）の教科書は、入手も読み解きも難しいものだが、川の自然と川を巡る社会制度を知るために、いつかはぜひ読んでほしい本だ。同じ著者の書いた『利根川と淀川』（小出，1985）から入るのもよいかもしれない。井口（1979）は、航空写真と古図を使い、川の地形の成り立ちを解説している。大熊（1988）には、川と人との関わりの歴史が詳しく書かれている。

　陸水学的に川を扱った本は少ない。先に紹介した河川土木の研究者により書かれた良書には、当然のことながら、生物のことが全く触れられていない。陸水学会東海支部会

付録　もっと詳しく知るために

▲図2　海岸浸食の簡易測量（宮崎県・日南海岸）

(2010)は、川の源流から河口までを扱った教科書を作っている。海外の本では、例えば、Stanneほか(1996)の本がおもしろい。北米のハドソン川の自然、文化、歴史が豊富な図とともに説明されており、大判の美しい挿絵を見るだけでも楽しい。

上水道については、小島(1985)に詳しい。水道事業が陸水学を応用して運営されており、また現場での観測が、水源のダム湖の知識を豊かにしていったことがよく理解できる。鯖田(1996)には、水道の歴史や諸外国の事情が丁寧に紹介されている。今日の下水道事情については、中西(1979)が基本的な問題を指摘している。

川や湖についての教科書としては、沖野(2002a, 2002b)が、この本に比較的近い考え方でわかりやすく書かれている。耳慣れない学術用語は、高橋ほか(1997, 2009)、日本陸水学会(2006)、などの辞典で調べるとよい。

参考書

花里孝幸（2006）ミジンコ先生の水環境ゼミ—生態学から環境問題を視る．地人書館．
井口昌平（1979）川を見る—河床の動態と規則性．東京大学出版会．
小出博（1970）日本の河川—自然史と社会史．東京大学出版会．
小出博（1985）利根川と淀川—東日本・西日本の歴史的展開．中央公論新社．
小島貞男（1985）おいしい水の探求．NHK出版．
水野寿彦（1980）生物学者のみた東南アジアの湖沼．NHK出版．
森下郁子（1983）ダム湖の生態学．山海堂．
村上哲生・林裕美子・奥田節夫・西條八束 監訳（2004）ダム湖の陸水学．生物研究社．
　（原著：Thornton, K. W., Kimmel, B. L. and Payne, F. E. 編 (1990) *Reservoir Limnology: Ecological Perspectives*.　Wiley-Interscience）
中西準子（1979）都市の再生と下水道．日本評論社．

日本陸水学会 編（2006）陸水の事典．講談社．
日本陸水学会東海支部会 編（2010）身近な水の環境科学—源流から干潟まで．朝倉書店．
沖野外輝夫（1990）諏訪湖—ミクロコスモスの生物．八坂書房．
沖野外輝夫（2002a）河川の生態学（新・生態学への招待）．共立出版．
沖野外輝夫（2002b）湖沼の生態学（新・生態学への招待）．共立出版．
大熊孝（1988）洪水と治水の河川史—水害の制圧から受容へ．平凡社．
鯖田豊之（1996）水道の思想—都市と水の文化誌．中央公論新社．
西條八束・村上哲生（1997）湖の世界をさぐる．小峰書店．
白石芳一（1972）湖の魚．岩波書店．
Stanne, S. P., Panetta, R. and Forist, B. E. (1996) *The Hudson : An Illustrated Guide to the Living River*. Rutgers University Press.
高橋裕・岩屋隆夫・沖大幹・島谷幸宏・寳馨・玉井信行・野々村邦夫・藤芳素生 編（2009）川の百科事典．丸善．
高橋裕・綿抜邦彦・久保田昌治・和田攻・蟻川芳子・内藤幸穂・門馬晋・平野喬 編（1997）水の百科事典．丸善．
谷田一三・村上哲生 編（2010）ダム湖・ダム河川の生態系と管理—日本における特性・動態・評価．名古屋大学出版会．

4 国や自治体から、川や湖の情報を得る

　気象庁のホームページ（http://www.data.jma.go.jp/）で日照量や降水量が検索できることは知っているだろう。国土交通省のホームページ（国土交通省水質水文データベース；http://www1.river.go.jp/）では、日本の主な河川の流量や水質を、過去に遡って調べることができる。地図を発行している国土地理院のサイト（http://watchizu.gsi.go.jp/）では、2万5000分の1や5万分の1の地形図を見ることができる。
　国や、県、市町村などの自治体では、年度ごとに、川や湖の水質や上下水道の運営状態を報告している。「白書」と呼ばれるものがそれだ。数字の並んだ図表が主で、読みにくいものが多いが、自分たちの住む地域の水環境を知るための重要な資料だ。自治体では、管内図と呼ばれる詳細な地形図や土地利用図も発行していることがある。いずれも、地域の川や湖を調べる際に重宝する。その他の情報も、情報開示制度を利用して閲覧、複写できるものが多い。窓口で手続きを尋ねれば教えてくれる。自分で観測したデータに加え、行政の持つそれをうまく使えば、川と湖についてのより多くのことがわかる

付録　もっと詳しく知るために

はずだ。

5　陸水学会〜川や湖に興味を持つ人たちの集まり

　日本陸水学会は、川や湖、地下水、内湾などの物理や化学、生物に興味を持つ研究者の集まりだ。上下水道や環境の現場の技術者も参加している。年に一度、日本中の仲間が集まり、研究の成果を披露し合い、懇親を深める。「学会」というと敷居が高く感じられるかもしれない。確かに、学会での口頭発表や論文誌などは、最初は、歯が立たないだろう。しかし、研究者も特殊な社会の住人ではない。わかりやすい言葉で、誰にでも理解できる論理で語り、書こうと努力している。彼らがどのような問題に興味を持ち、様々な技術を使いそれを解決し、社会の役に立てようとしているかは、おぼろげながらでもわかるはずだ。

　近年は、ポスター発表といって、衝立（ついたて）に自分の研究発表を張り出し、その前に研究者が立ち、研究の説明をし、質問に答える方式も取り入れられるようになった。これならば、気楽に研究者に語りかけられるだろう。また、専門的な研究発表とともに、市民を交えたシンポジウムが企画されることも多くなっている。すぐにとは言わない。もっと川と湖について知りたくなったら、また、自分の調べたことを人に伝えたくなったら、ぜひ、陸水学会に参加してほしい。

　日本陸水学会の活動については、学会ホームページ（http://www.soc.nii.ac.jp/jslim）に詳しく紹介されている。北海道、甲信越、東海、近畿にある支部会の情報についても、学会ホームページからたどり着ける。

おわりに

　学問の世界を扱う解説書や教科書でも、対象とする分野の話題を過不足なく取り上げ、学術用語を避け易しく説明する類のものは、読者にとって有用ではあるかもしれないが、得てしておもしろくはない。著者のつまらなさはなおさらである。この本は、陸水学の入門書ではあるが、川、湖、陸水学史の各パートの話題は、斯学を網羅したものではなく、各著者の持つ篩を通して選別されたものである。客観性が重視される自然科学の分野であっても、著者の姿勢や履歴により、個性は自ずと現れる。監修者は相互に議論を交わしたが、意見の最終的な採否は、各パートの著者に任されている。

　自然を見る切り口は様々である。我が国の陸水学は、1970年代頃より、物質の生産と移動、消費の様相を知ることによって、川と湖を理解しようと努めてきた。この本も、主として、その流れに沿って記述されている。陸水学の主流の試みは学問的な成果を上げ、また、その当時から深刻となってきた川や湖の汚染の制御や、水産資源の保全と増産に寄与してきた。一方、個々の水生生物の生活や相互関係など、一見、社会に直ちに役に立ちそうもない分野の研究に回される人や予算は限られたものであった。水圏での物質の動きを定量的に記述する緻密さと、ごく普通に見られる水生生物であっても名前も生活もわからないという困った状況が、今日の陸水学に混在している。また、現象を普遍化することに急で、地域独特の水の在り方の違いを丁寧に記載することも、なおざりにされてきたように思える。

　具体的な川や湖の環境問題の現場で役に立つ知識は、世界の川や湖に共通する性格ではなく、その川、その湖に特有なそれであることが多い。この本も、それらの跛行性から免れていない。対立する考え方のそれぞれの発展と、将来の統合とを期待することはもちろんだが、これからの議論の前提として、我々の世代の川や湖の見方を、この時点でわかりやすく紹介し、若い世代からの評価を仰ぐことは是非とも必要であろう。

　陸水学を巡るトピックスは、陸水学会に属している研究者だけではなく、できるだけ多様な立場の著者を選ぶことにした。学会内外の寄稿者のご協力に深く感謝するとともに、出版が遅れたことをお詫びしたい。今日の川や湖の環境問題の様相は、自然科学的側面だけで決まるものではなく、地域の政策や経済、文化などにより異なったものとな

る．いくつかのトピックスの比較から，著者の立場により，望ましい川や湖の姿がそれぞれ異なることが容易に読み取れるに違いない．

　川や湖を巡る多様な意見は，現在，急速に収斂されつつあるように思われる．分野をまたぎ一元化され，行政の厚い支援のもとで続々と出される新しい知見は素晴らしいものであるが，それに異を唱える個人や小グループが存続していくことは，ますます難しくなっている．陸水学をさらに詳しく知るために，自分の手で資料を集め，自分の頭で判断することの必要性を強調したのは，その風潮に単純に流されることを恐れるためである．

　日本陸水学会は，自由な研究者個人の集まりである．この本を手引きにし，若い世代が独自の自然観と社会に対する態度を身に着け，将来の陸水学会に新しい風を送り込んでくれることを期待する．

監修者を代表して
村 上 哲 生

引用・参考文献（図の出典）一覧

Baird, D. and Milne, H. (1981) Energy flows in the Ythan estuary, Aberdeen shire, Scotland. *Estuarine, Coastal and Shelf Science* **13**：455-472. [図1-36]

ビスワス，A. K. (高橋裕・早川正子訳) (1979) 水の文化史. p.216. 文一総合出版. [図1-4]

Burks, B. D. (1953) The Mayfliies, or Ephemeroptera, of Illinois. p.4. Entomological Reprint Specialist. [図1-15]

Chorus, I. and Bartram, J. (1999) Toxic cyanobacteria in water. E & F N Spon. London. [Topics6]

Craig, H. (1961) Isotopic variations in meteoric waters. *Science* **133**：1702-1703. [Topics7]

Cummins, K. W. (1974) Structure and function of stream ecosystem. *Bio Science* **24**：631-641. [図1-13]

浜島繁隆 (2001) 第1章ため池の概観. ため池の自然－生き物たちと風景 (浜島繁隆・土山ふみ・近藤繁生・益田芳樹 編) pp.3-22. 信山社サイテック. [Topics3]

浜島繁隆・須賀瑛文 (2005) ため池と水田の生き物図鑑 植物編. トンボ出版. [Topics3]

Hanazato, T., Sambo, S. and Hayashi, H. (1997) Diel vertical migration of Daphnia in Lake Kizaki：Difference in its pattern depending on the daphnid's bodysize. *J. Fac. Sci. Shinshu Univ.* **32**：77-88. [図2-22]

花里孝幸・小河原誠・宮原裕一 (2003) 諏訪湖定期調査 (1997～2001) の結果. 信州大学山地水環境教育研究センター研究報告 **1**：109-174. [Topics23、24]

Hynes, H. B. N. (1970) The ecology of running water. University of Tront Press. pp.186, 189. [図1-14]

桐谷圭治・農と自然の研究所 編 (2010) 田んぼの生きもの全種リスト 改訂版. 農と自然の研究所. [Topics4]

近藤繁生・谷幸三・高崎保郎・益田芳樹 編 (2005) ため池と水田の生き物図鑑 動物編. トンボ出版. [Topics3]

熊谷道夫・辻村茂男・焦春萌・ランディ, D, ショー・朴虎東・渡辺真利代・石川可奈子 (1999) 琵琶湖におけるシアノバクテリア・リスク評価の試み. 滋賀県琵琶湖研究所所報 **17**：6-11. [Topics6]

倉田亮 (1990) 日本の湖沼. 滋賀県琵琶湖研究所所報 **8**：65-83. [第一部第2章]

Lampert, W. (1988) The relationship between zooplankton biomass and grazing：A review. *Limnologica* **19**：1-20. [図2-19]

宮原裕一 (2007) 諏訪湖定期調査 (2002～2006) の結果. 信州大学山地水環境教育研究セ

ンター研究報告 **5**：47-94．[Topics23、24]

Ogawa, N. O., Koitabashi, T., Oda, H., Nakamura, T., Ohkouchi, N. and Wada, E. (2001) Fluctuations of nitrogen isotope ratio of gobiid fish (Isaza) specimens and sediments in Lake Biwa, Japan during the 20th century. *Limnology and Oceanography* **46**：1228-1236．[Topics8]

Okino, T. (1982) Urban-hinterland interaction：Urban wastes and the ecosystem of Lake Suwa. *Report of the Suwa hydrobiological station, Shinshu Univ*. no.**4**：1-8．[Topics24]

沖野外輝夫・花里孝幸（1997）諏訪湖定期調査：20年間の結果．信州大学理学部附属諏訪臨湖実験所報告 **10**：7-249．[図2-15] [Topics23、24]

西條八束（1957）湖沼調査法（増補改訂）．pp.49, 148．古今書院．[図3-4、3-5]

Sato, Y. (1986) A study on thermal regime of Lake Ikeda. *Sci. Rept., Inst. Geosci., Univ. Tsukuba* **7**：55-93．[図2-25]

Sawyer, F. (1958) Nymphs and the Trout. p.63. Adam & Charles Black．[図1-15]

Stanne, S. P., Panetta, R. G. and Forist, B. E. (1996) The Hudson. p.16．[図1-34]

菅原健（1979）続 たまゆら．東海大学出版会．[図3-10]

武居薫（2005）魚介類の移り変わり．アオコが消えた諏訪湖（沖野外輝夫・花里孝幸編）pp.288-319．信濃毎日新聞社．[Topics23、24]

上野益三（1977）陸水学史．p.79．培風館．[図3-15]

和田恵次（2000）干潟の自然史．p.30．京都大学出版会．[図1-36]

Welch, P. S. (1952) Limnology (2nd ed.) McGraw-Hill Book Company. New York. p.50．[図2-17]

WHO (1998) Guidelines for drinking water quality, Second edition, addendum to volume 2, Health criteria and other supporting information. World Health Organization, Geneva. [Topics6]

Woltereck, R. (1909) Weitere experimentelle Untersuchungen uber Artveranderung, speziell uber das Wesen quantitative Artunterschiede bei Daphniden. *Ver. D. Tsch. Zool. Ges.* **1909**：110-172．[図2-23]

山本雅道・戸田任重・林秀剛（2004）木崎湖の定期観測（1981-2001）の結果（1）信州大学山地水環境教育研究センター研究報告 **3**：85-121．[図2-21]

吉村信吉（1937）湖沼学．三省堂．[図3-9]

吉村信吉（1941）湖沼の科学．pp.29, 67．地人書館．[図3-3、3-8]

事項索引

【あ】

アオコ（青粉） 54, 55, 88, 90, 128, 130, 157
赤谷の森 100
赤谷プロジェクト 100
アジア・モンスーン 86, 87
アナトキシン 90
アユ釣り 112
安定同位体 93
安定同位体比 96

【い】

池田湖 43, 71, 81
池干し 89
移行帯 87
一ノ目潟 150
戌の満水 118
揖斐川 120, 121
イリノイ川 163
印旛沼 73

【う】

ウインクラー法 159
うおの会 125
浮子 35, 173

【え】

エクマン・バージ採泥器 52
エコトーン 87
エルニーニョ 81
塩化物イオン 11, 34
塩湖 2
鉛直対流 81
鉛直曳き 50

鉛直分布 64, 65
塩分計 11

【お】

応用生態工学会 150
大津臨湖実験所 140
沖帯 62
汚水生物学 158
尾根 5
御神渡り 80, 81
親潮 99

【か】

海水 135
海跡湖 43
かいぼり 89
外来生物 32, 119
化学的酸素要求量 97, 159
殻刺 66
河口域 2
火口湖 42, 43, 150
ガス穴 143
河川学 163
河川漁業 112
河川生態学術研究会 165
河川法 39, 102
——の改正 39, 102, 116, 165
河川水辺の国勢調査 119
河相論 164
河畔林 22
霞ヶ浦 44, 72, 73
霞堤 27
蚊柱 52

釜穴 143
過マンガン酸カリウム 159
刈り取り食者 24
カルデラ湖 42, 43
川灯台 26
環境科学会 149
環境基準 97
環境漁協宣言 112
環境問題 42, 77
幹川流路延長 112, 118
緩速ろ過法 29, 30
干潮 37
感潮域 34
乾田 86

【き】

気候変動 80
木崎夏期大学 139
木崎湖 62, 72
擬餌鉤 16
汽水 34
汽水湖 2, 50, 109
木曽川 120, 121
木曽三川 120
木曽八景 120
北原式採水器 138
北原式プランクトンネット 138, 139
逆水灌漑 126
逆成層 59
休眠卵 61, 69
共生 121
漁獲量 130, 131
銀山湖 18

事項索引

【く】

グルタールアルデヒド　48
クレスト・ゲート　20
黒潮　99
クロロフィル　56
群体　45

【け】

珪藻の消長　105
形態輪廻　67
渓畔林　98
下水処理場　31, 32, 128
下水道　30
毛鉤　16
ケレップ水制　27
原生動物　47
現存量　131
源頭　3

【こ】

コア　82, 104
降河性魚類　99
光合成　23
洪水痕跡水位標　118
高水敷　122, 123
洪水吐　18, 20
高分子ポリマー　10
古環境解析　82
呼吸　25
国際科学会議　154
国際生物学事業計画　154, 168
国際理論応用陸水学会　150, 151, 168
国土交通省水質水文データベース　177
国土地理院　4, 177
湖沼学　135, 147
古代湖　44, 96
湖底堆積物　69, 97, 105

湖盆図　138, 142
5万分の1地形図　5
固有種　44
湖流　144
コレクター　15
コルクウイッツ・マールソンの腐水生物体系　159
コロニー　105

【さ】

西湖　82
採集食者　15
採水器　49
採泥器　52, 89
サイド・スキャン・ソナー　144
サイレントアイソトープ　93
蔵王御釜　42, 43, 45
里湖　109, 111
里山　28, 111
サーバーネット　12, 13
皿池　84, 85
晒し粉　30
サロマ湖　43, 44
酸性雨　82, 83
酸性化　82
酸素同位体比　95
三ノ目潟　150

【し】

滋賀県立琵琶湖博物館　124, 175
敷き肥　109
資源科学研究所　160, 161
支笏湖　44
自然湖沼　44
自然再生協議会　108
自然再生推進法　106, 107
湿原　44

湿生植物　44
信濃川　118
集水域　5, 63
集水面積　10
重力式ダム　18
シュレッダー　15
循環期　59, 68, 71
順応的管理　100
浄化　36
浄水場　29
上水道　28
殖芽　62
植物プランクトン　45, 46, 54, 56, 94
食物網　98
食物連鎖　42, 94
白樺湖　72
シラスウナギ　99
新河川法　39, 102, 103, 165
宍道湖　107
深水層　58, 63, 80
新・生物多様性国家戦略　106
人造湖　18
シンボルフィッシュ　122
森林生態系　41

【す】

錘鉛　137, 143
水温躍層　58, 80, 144
水圏科学研究所　146
水源涵養保安林　7
水質　10, 173
水質汚濁　54, 158
水質汚濁問題　73
水質浄化　110, 128, 132
水素同位体比　95
水制工　122
水生昆虫　12, 98
　——の生息密度　12

事項索引

——の幼虫　13
水田　27, 86
　　——の種多様性　86
水文学　162
スクレイパー　24
棲み分け理論　163
諏訪湖　43, 72, 73, 80, 128

【せ】

セイキ式平円盤　137
聖牛　26
生産量　131
成層　58
成層期　59, 68
成層構造　58, 77
生態系　42, 154
生態系生態学　42
生態系操作　110
生態的地位　112
生物化学的酸素要求量　159
生物群集　2, 77
生物多様性　106, 119
　　——の回復　115
　　——の危機　106
生物多様性国家戦略　106
生物多様性条約　106
生物多様性の保全をめざした魚
　　類の放流ガイドライン
　　2005　123
世界保健機関　91
堰止湖　43
セッキ式円盤　137
絶滅　105
セバーソン湖　77
背割堤　120

【そ】

遡河性　99
遡河性魚類　99

【た】

タイガ　104
大気水圏科学研究所　146
耐久卵　61
帯磁率　104
堆石　44
高須賀沼　146
田沢湖　44, 82, 142
脱窒反応　95
田中式鑽泥錘　137
谷　5
谷池　84, 85
多摩川　116
ダム　8, 17, 18
ダム湖　17, 18, 43
ため池　84, 87, 88
ため池百選　85
単為生殖　61, 69
タンガニーカ湖　44, 156
短期暴露　91
たんさいぼうの会　125
淡水湖　2, 104
断層湖　43
炭素同位体比　94

【ち】

地球磁場　104
地球生態系　77
千曲川　118, 119
治山ダム　100, 101
治水　8, 39
治水神社　120
窒素　55, 59, 60
窒素同位体比　94
抽水植物　53, 68
抽水植物帯　53, 62, 75
柱状試料　82, 104
長期暴露　91
沈水植物　53, 68

沈水植物帯　53, 62, 75
沈黙の同位体　93

【て】

挺水植物　53
低水路　122
底生生物　51, 89
手賀沼　73
テムズ川　10, 11, 159
デルタ値　93
電気伝導度　10, 11, 34, 104
電気伝導度計　11
点源負荷　127
天水線　95
転倒寒暖計　137
天然湖　20

【と】

同位体　93
同位体比　93
同位体分別　93
透視度　10
透視度計　173
透明度　56, 57, 130
透明度板　57, 137
動物プランクトン　45, 46,
　　47, 50, 54
導流堤　38
利根大堰　115
利根川　114
利根川河口堰　115
利根川東遷　114
友釣り　112, 113
十和田湖　44

【な】

中海　107, 109
長良川　120
長良川河口堰問題　121

185

事項索引

名古屋大学理学部附属水質科学
　　研究施設　146

【に】
日周鉛直移動　65, 66
ニッチ　112
二ノ目潟　150
日本自然保護協会　100
日本水質汚濁研究会　149
日本の重要湿地500　125
日本陸水学会　147, 149, 178
2万5000分の1地形図　5

【ね】
ネクトン　51
寝覚めの床　120
ネスラー法　159

【の】
農業濁水　127
農業濁水問題　126

【は】
バイオマス　110
バイオマニピュレーション
　　110
バイカル湖　44, 104
　──の湖底堆積層　104
バイカル湖国際生態学センター
　　157
白砂青松　38
白書　177
バクテリア　45, 75, 105
バクテリアプランクトン　45
破砕食者　15
挟み竹　109, 111
はしかけ　124
八郎潟　43, 44, 73
八郎湖　43, 73

ハドソン川　176
食み跡　24
春の透明期　60, 61
坂東太郎　114
バンドーン採水器　49
氾濫原　87

【ひ】
ピーエイチ　10
干潟　35, 37
非生物的環境　77
標準物質　93
表水層　58, 63
比流量　10
琵琶湖　43, 44, 72, 91, 96,
　　122, 124, 126
琵琶湖お魚ネットワーク　125
貧栄養化　132
貧栄養湖　45
貧酸素層　64

【ふ】
富栄養化　63, 88, 90, 96,
　　132
富栄養湖　46, 63, 73
富栄養度　130
フォッサマグナ　119
富士五湖　82
腐水生物体系　159
付着藻類　22
浮遊生物　45
浮葉植物　53, 68
浮葉植物帯　53, 62, 75
フライ　16
プランクトン　41, 45, 51
　──の採集　48〜49
プランクトンネット　48
プリオン陸水生物学実験所

　　152
ブルーム　90, 157

【へ】
平均傾斜　5
ベオグラード憲章　124
ヘドロ　74, 89
ペーハー　10
ベントス　51, 89

【ほ】
放射性同位体　93
放射性鉛同位体　97
防潮堤　38
保水力　8
ホルマリン　48
ボーレンバイダーモデル　151

【ま】
摩周湖　43
マール　150
満潮　34, 37

【み】
三日月湖　43
ミクロコスム実験　157
ミクロシスチン　90
ミクロシスチン-LR　91
湖　42
　──の一生　44
　──の分類　43
水環境　173
水環境学会　149, 161
水草帯　53, 75
水処理　31
水の華　90
水弾き　27
密放流　44
緑のダム　8

186

【み】
ミリジーメンス 11

【め】
メソコスム実験 157
面源負荷 127

【も】
モク 109, 110
モク採り 109
藻場 109
モバ桁 109, 110
モレーン 44

【や】
ヤゴ 12
矢作川 4, 112
梁 112, 113
山門湿原 125
山中湖 136
八ッ場ダム 114

【ゆ】
有機泥 74, 89
有機物 14, 42, 55
湧水 143
有毒藍藻 90

【よ】
溶存酸素濃度 63, 64, 75, 77
溶存酸素分析法 159
葉緑素 23, 56
ヨシ原 35, 122, 123
ヨシ原再生 122, 123
淀川 102, 122, 123
寄りモク 109

【ら】
ライン川 163
ラニーニャ 81
ラムサール条約 107
藍藻類 90

【り】
陸水 135
陸水学 2, 135, 147
陸水学雑誌 149, 168
陸水学史 136, 166
陸水生態系 106
陸地測量部 143
利水 39
リバーフロント整備センター 165
硫安 83
流域管理 100, 127
硫酸アンモニウム 83
流速 9, 173
流量 9
リン 55, 59, 60

【れ】
礫川原 116, 117
レマン湖 136

【ろ】
ろ過池 29
　　——の断面 30
ロックフィル・ダム 18

【わ】
ワイズユース 107
湧壺 143
輪中 120
ワンド 27, 122

【欧文】
BICER 157
BOD 159
COD 97, 159
DAPI 45
δ値 93
ecosystem 154
IBP 154, 168
ICSU 154
International Association of Theoretical and Applied Limnology 152
International Biological Program 154
International Council for Science 154
limnology 135
Limnology（雑誌） 149, 168
may fly 15
pH 10, 11, 75, 77, 82
potamology 163
SIL 150, 151, 168
WHO 91
Winter kill 76

生物名索引

【ア】
アウラコセイラ属　105
アカミミガメ　32, 33
アカムシユスリカ　51, 74
アサザ　53, 68
アナベナ　90
アマゴ　15
アマモ　94, 110
アメーバ　23
アユ　24, 112

【イ】
イサザ　95～97
イサザアミ　50, 51
イタセンパラ　122
イワナ　15

【ウ】
ウナギ　99, 115

【エ】
エビモ　53, 115

【オ】
オオクチバス　44
オオユスリカ　73, 74
オニバス　88, 89
オビケイソウ　46

【カ】
ガガンボ　14, 15
カゲロウ　12
カニ　35, 36
カブトミジンコ　60, 65, 67

カワゲラ　12, 13
カワラノギク　117

【キ】
キクロテラ属　105

【ク】
クサビケイソウ　22
クニマス　82
クリプトスポリジウム　32
クロモ　68, 129
クンショウモ　46

【ケ】
珪藻　59, 60, 68, 70, 105, 125
ケンミジンコ　50, 51

【コ】
ゴカイ　35～37
コノシロ　107
コバントビケラ　13

【サ】
サクラマス　99
サケ　98, 99
ササバモ　68

【シ】
シアノバクテリア　45
シカクミジンコ　54
シギ　36, 37
シジミ　115
シマトビケラ　15

シラウオ　115

【ス】
ステファノディスクス属　105

【セ】
繊毛虫　46, 47

【ソ】
ゾウミジンコ　47
ゾウリムシ　23, 46

【タ】
タナゴ　27
ダフニア　61, 65, 67
ダフニア・キュキュラータ　66, 67

【チ】
チドリ　36, 37
チラカゲロウ　15

【ツ】
ツボワムシ　47

【テ】
ティラピア　32, 33

【ト】
トビケラ　12

【ニ】
ニホンウナギ　99

188

【ノ】
ノロ 50, 51

【ヒ】
ヒシ 129
ピヌラリア 83
ヒラタカゲロウ 13
ヒラタドロムシ 13

【フ】
フクロワムシ 50, 51
フサカ 49, 51, 67
ブラックバス 32, 44, 115
プランクトスリックス 90
ブルーギル 115, 122

【ヘ】
鞭毛虫 46, 47

【ホ】
ホザキノフサモ 129
ホシガタケイソウ 46

【マ】
マギレミジンコ 67
マコモ 53, 68, 115
マルミジンコ 54

【ミ】
ミクロキスティス 45, 46, 90〜92
ミドリムシ 83

【ヤ】
ヤマトシジミ 107
ヤマトヒゲナガケンミジンコ 47
ヤマメ 99

【ヨ】
ヨシ 35, 68

【ラ】
藍藻 45, 90

【ワ】
ワカサギ 128, 132
ワムシ 46, 69

人名索引

【あ】
安芸皎一 164
浅沼靖 149
アタナシウス・キルハー 7
アルフォンス・フォーレル 136

【い】
伊木常蔵 162
池田三郎 157
石川日出鶴丸 140, 153
市村俊英 154
伊藤隆 155
稲葉伝三郎 147
伊能忠敬 114
今西錦司 163
今村学郎 162

【う】
ヴァンノオト 165
ウインクラー 159
上野益三 136, 147
ウォーシントン 156
宇田道隆 147

【え】
エクマン 150
エドメ・マリオット 7
エレン・スワロー 12

【お】
大熊孝 114
大島泰行 165
大谷成男 148

小笠原義勝 149
岡田武松 145
岡田弥一郎 149
沖野外輝夫 165
小倉紀雄 165
小倉謙 141

【か】
可児藤吉 163
川田三郎 149
川那部浩哉 163
川村多實二 139, 140, 149

【き】
菊池健三 141, 146, 147
喜多豊一 146
北沢右三 154
北原多作 138

【く】
倉澤秀夫 148
栗原康 157

【こ】
小泉清明 155
小久保清治 141
小島貞男 160
小林純 163
小山忠四郎 146
コルクウイッツ 159

【さ】
西條八束 140, 148, 151
坂口豊 148

【し】
シュタイマン 163
ジュディー 150, 154
白石芳一 145
神保小虎 137

【す】
須永哲雄 156
菅原健 145, 146
須田皖次 145

【た】
田内森三郎 147
高橋裕 164
多田文男 149
田中阿歌麿 135
田中広作 144
田中正造 114
田中哲治郎 157
田中不二麻呂 136
谷口智雅 166
タンスリー 154

【つ】
ツァハリアス 152
辻本芳郎 162
津田松苗 155, 160
ツンディシ 156

【て】
ディッカーソン 156
ティーネマン 155, 162
手塚泰彦 149

190

【な】
ナウマン　150, 151
中野治房　141
中野宗治　147
中村守純　149, 160
中本信忠　156

【は】
花里孝幸　140
原寛　141
バレンタイン　151
半谷高久　154

【ひ】
日高孝次　145
ヒポクラテス　158

【ふ】
ファラデー　10, 11
フォイヤーボルン　156
フォーブス　153
フランソワ・フォーレル　136, 152, 153
ブンゼン　159

【ほ】
宝月欣二　154

【ま】
堀江正治　146
ボーレンバイダー　151

【ま】
前田末廣　139
松浦武四郎　138
マッキンタイアー　158
マールソン　159
マーレー　143
馬渡静夫　149

【み】
三浦泰蔵　152
水野寿彦　155
三井嘉都夫　149

【め】
メリル　156

【も】
森主一　155
森下郁子　160

【や】
矢嶋仁吉　162
谷津栄壽　148
山岸哲　165

山崎直方　148
山室真澄　148
山本荘毅　147, 162

【ゆ】
ユーボール　163

【よ】
横山又次郎　137
吉岡崇仁　158
吉村信吉　144, 145, 147, 148
ヨハネス・デ・レーケ　120

【ら】
ラウターボルン　163
ランベ　159

【り】
リープマン　160
リーボルト　163
リンデマン　154

【る】
ルットナー　155

【わ】
渡辺仁治　160

執筆者一覧

■編集

日本陸水学会(にほんすいりくがっかい)

■監修者、著者（五十音順）

新井 正(あらい ただし)（立正大学名誉教授）：第二部 Topics1

梅村錞二(うめむらじゅんじ)（豊田市矢作川研究所）：第二部 Topics15

大塚泰介(おおつかたいすけ)（滋賀県立琵琶湖博物館）：第二部 Topics21

沖野外輝夫(おきのときお)（信州大学名誉教授・株式会社建設環境研究所技術顧問）：

　　　第二部 Topics18、第三部

小倉紀雄(おぐらのりお)（東京農工大学名誉教授）：監修、はじめに

小俣 篤(おまた あつし)（国土交通省水管理・国土保全局河川環境課）：第二部 Topics20

角野康郎(かどの やすろう)（神戸大学大学院理学研究科）：第二部 Topics5

鎌内宏光(かまうちひろみつ)（北海道大学北方生物圏フィールド科学研究センター）：第二部 Topics9

河合崇欣(かわい たかよし)（(社)国際環境研究協会）：第二部 Topics12

國井秀伸(くにい ひでのぶ)（島根大学汽水域研究センター）：第二部 Topics13

近藤繁生(こんどうしげお)（愛知医科大学）：第二部 Topics3

朱宮丈晴(しゅみやたけはる)（公益財団法人日本自然保護協会）：第二部 Topics10

辻 彰洋(つじ あきひろ)（独立行政法人国立科学博物館植物研究部）：第二部 Topics2

西野麻知子(にしのまちこ)（滋賀県琵琶湖環境科学研究センター）：第二部 Topics4

花里孝幸(はなざとたかゆき)（信州大学山岳科学総合研究所）：

　　　監修、第一部の導入文章・第2章、第二部 Topics23・24）

朴　虎東（信州大学理学部物質循環学科）：第二部 Topics6

平塚純一（NPO法人自然と人間環境研究機構）：第二部 Topics14

藤田　卓（公益財団法人日本自然保護協会）：第二部 Topics10

宮本博司（元淀川水系流域委員会委員長）：第二部 Topics11

村上哲生（名古屋女子大学家政学部）：
　　　監修、第一部第1章、第二部 Topics19、付録、おわりに）

森　和紀（日本大学文理学部地球システム科学科）：監修

谷内茂雄（京都大学生態学研究センター）：第二部 Topics22

山本敏哉（豊田市矢作川研究所）：第二部 Topics15

吉岡崇仁（京都大学フィールド科学教育研究センター）：監修、第二部 Topics7・8

吉田正人（筑波大学大学院人間総合科学研究科）：第二部 Topics16

渡辺泰徳（元東京都立大学大学院理学研究科）：第二部 Topics17

川と湖を見る・知る・探る
陸水学入門

2011年9月30日　　初版第1刷

編　集　日本陸水学会
監　修　村上哲生・花里孝幸・吉岡崇仁・森和紀・小倉紀雄
発行者　上條　宰
印刷所　モリモト印刷
製本所　イマヰ製本

発行所　株式会社　地人書館
〒162-0835　東京都新宿区中町15
電話　03-3235-4422
FAX　03-3235-8984
郵便振替　00160-6-1532
e-mail　chijinshokan@nifty.com
URL　http://www.chijinshokan.co.jp/

©2011　　　　　　　　　　　　　　　Printed in Japan
ISBN978-4-8052-0838-0 C1045

JCOPY 〈(社) 出版者著作権管理機構 委託出版物〉

本書の無断複写は、著作権法上での例外を除き禁じられています。複写される場合は、そのつど事前に、(社) 出版者著作権管理機構（電話03-3513-6969、FAX 03-3513-6979、e-mail: info@jcopy.or.jp）の許諾を得てください。また、本書を代行業者等の第三者に依頼してスキャンやデジタル化することは、たとえ個人や家庭内の利用であっても一切認められておりません。